VIAGENS NO TEMPO E O CACHIMBO DO VOVÔ JOE

ALAN LIGHTMAN

VIAGENS NO TEMPO E O CACHIMBO DO VOVÔ JOE

E outros ensaios

Tradução:
CARLOS AFONSO MALFERRARI

COMPANHIA DAS LETRAS

Copyright © 1996 by Alan Lightman

Título original:
Dance for two

Capa:
Ettore Bottini

Foto de capa:
Heloisa Mesquita

Preparação:
Magnólia Costa

Revisão:
Beatriz Moreira
Isabel Jorge Cury

Dados Internacionais de Catalogação na Publicação (CIP)
(Câmara Brasileira do Livro, SP, Brasil)

Lightman, Alan, 1948-
　　Viagens no tempo e o cachimbo do vovô Joe e outros ensaios / Alan Lightman ; tradução Carlos Afonso Malferrari. — São Paulo : Companhia das Letras, 1998.

　　Título original: Dance for two: essays.
　　ISBN 85-7164-753-4

　　1. Ciências 2. Ciências — Obras de divulgação I. Título.

98-0625　　　　　　　　　　　　　　　　　　　　　CDD-500

Índices para catálogo sistemático:
1. Ciências : Obras de divulgação　500

1998

Todos os direitos desta edição reservados à
EDITORA SCHWARCZ LTDA.
Rua Bandeira Paulista, 702, cj. 72
04532-002 — São Paulo — SP
Telefone: (011) 866-0801
Fax: (011) 866-0814
e-mail: coletras@mtecnetsp.com.br

Para Jean, Elyse e Kara

ÍNDICE

Prólogo	9
Pas de deux	13
Um lampejo de luz	16
Sorriso	21
A Terra é redonda ou plana?	25
Se os pássaros conseguem voar, por que, oh, por que eu não consigo?	30
Alunos e mestres	36
Viagens no tempo e o cachimbo do vovô Joe	44
À Sua imagem	48
Miragem	55
Da cisão do átomo	58
Expectativas esvaídas	66
Uma visita do sr. Newton	70
Origens	75
Um dia em dezembro	79
Progresso	82
$I = V/R$	87
Nada mais que a verdade	92
Tempo para as estrelas	97
Um ianque dos dias de hoje numa corte de Connecticut	105
A origem do universo	119
Como o camelo ganhou a sua corcova	126
Terra de Ferro	128
Outros aposentos	133
Estações	139

PRÓLOGO

Os vinte e quatro ensaios desta coletânea foram escritos ao longo dos últimos quinze anos; todos já tiveram uma existência prévia em revistas e em outras compilações. Ao relê-los, foram estes os que mais me alegraram e, ao que tudo indica, mais continuarão me alegrando. Com o passar do tempo, aprendi que existem três prazeres em escrever. O primeiro é o contentamento especial do próprio ato de escrever, quando nos encontramos inteiramente a sós; o segundo, mais sociável, está em emocionar o leitor com aquilo que escrevemos; e o terceiro prazer, que só nos vem anos depois e é novamente solitário, consiste em reler aquela pequena fração de nossos escritos que merece ser preservada, surpreendendo-nos e enchendo-nos de gratidão. De um modo geral, escrever é uma profissão egoísta e autocentrada. E o ensaio, como E. B. White já observou, é provavelmente a mais egoísta das formas literárias, pois aqui o autor expõe abertamente suas idéias e aventuras pessoais, como se cada espirro e cada pequena observação fossem do interesse de todos.

A idéia do primeiro ensaio veio-me quando eu estava sentado numa confortável poltrona bergère, fumando o cachimbo de meu bisavô e inalando antigos aromas havia muito adormecidos em seu interior. Como descrevi em "Viagens no tempo e o cachimbo do vovô Joe", o cachimbo estabeleceu uma certa intimidade com o meu antepassado, falecido antes de eu nascer, e lançou minha mente em devaneios sobre viagens no tempo. Mais importante, reavivou em mim a relação que tinha com meu pai, ele próprio fumante de cachimbo e homem taciturno. Durante anos, nunca soube o que ele achava das coisas, se vivia satisfeito ou infeliz. Depois que entrei na faculdade, porém, ele vez por outra me presenteava com um de seus cachimbos e uma breve história para acompanhá-lo. Em certa ocasião, deu-me um Kaywoodie castanho-claro, que fumara na Segunda Guerra, andando para cima e para baixo no convés do navio antes de uma invasão. O velho cachimbo de torga do meu bisavô, com estranhas marcas entalhadas, permaneceu em sua gaveta por anos até que resolvesse dá-lo para mim, sem nenhum comentário. Alguns anos depois, enviou-me uma curiosa fotografia de si mesmo quando criança, ao lado do vovô Joe, somente os dois, de mãos dadas em frente a uma casa branca de ripas de madeira. Meu pai vestia calções; vovô Joe, de bigodes, usava um chapéu, exatamente como eu o imaginara pelos aromas de seu cachimbo. Escrevi o ensaio e enviei-o pelo correio a meu pai. Foi quando, milagrosamente, começamos realmente a conversar um com o outro. E eu, já bem a caminho de tornar-me tão calado como ele, descobri que através das coisas que escrevia era capaz de me abrir e de comover as pessoas que me são caras.

O primeiro e o segundo ensaios foram publicados na revista *Smithsonian*. Em seguida, e por muito tempo, escrevi uma coluna mensal para a excelente, mas hoje extinta, *Science 80*. Quando a *Science 80* deixou de ser publicada, em meados dos anos 80, comecei a escrever para outras revistas. Esse contato com revistas é uma poderosa ducha de água fria para um escritor iniciante, que muitas vezes se encontra tão apaixonado pelo que escreveu que chega a memorizar cada uma de suas palavras. Numa revista, sentenças e até parágrafos inteiros costumam ser cortados pelos editores, a fim de abrir espaço para a matéria seguinte ou mesmo para incluir uma charge que distraia e divirta o leitor. Apesar desses abusos, o autor continua a escrever, pois a essa altura o hábito já lhe é insaciável e compulsivo.

Sempre escrevi sobre ciência — minha primeira paixão e minha profissão. Às vezes trato dos fatos nus e crus da ciência, e, com mais freqüência, das idiossincrasias e caprichos humanos, a parte vivida e vivenciada da ciência. Ciência, para mim, é a expressão mais rigorosa e extrema da ordem do mundo físico. Todavia, o anseio por essa ordem e muitas vezes os meios de declará-la são peculiaridades humanas — curiosamente entranhadas nas emoções e devaneios do mundo humano. O ponto onde esses dois mundos se encontram parece-me um bom tema literário. Além disso, sou em parte motivado por algo que aprendi observando meus colegas. Os cientistas tendem a fazer suas maiores descobertas justamente naqueles momentos em que aceitam seguir a intuição em vez das equações. Ou seja, quando se comportam de maneira menos "científica". Esse segredo, conhecido pelos historiadores mas raramente admitido pelos cientistas, tornou-se o fio oculto que percorre meus ensaios.

Enquanto escrevia, fui me encantando pela tensão criativa entre ciência e arte, entre razão e instinto. Suspeitando haver muito instinto na ciência e razão na arte, perguntei a amigos cientistas se eles ponderavam a partir de imagens ou de equações; se usavam, e até que ponto, critérios estéticos em seu trabalho; e se acreditavam em metáforas. Perguntei a amigos artistas como as idéias lhes vinham, como seus quadros atingiam um equilíbrio, por que salpicavam cor num determinado ponto e não em outro. Trouxe à tona a provocadora observação de Einstein segundo a qual não existe um caminho lógico para se chegar às leis da natureza, porque as leis podem ser alcançadas apenas pela intuição e por "livres invenções da mente". Pode um cientista inventar o mundo, como um artista? Não continua existindo um mundo exterior às nossas mentes? Pessoas já pousaram na Lua e retornaram. Qual mundo é o verdadeiro?

Certo dia, em meio a meus questionamentos, levei minha filha de dois anos para ver o mar pela primeira vez. Era um dia agradável de junho, levemente nublado. Estacionamos o carro a quase um quilômetro da praia e fizemos a pé o resto do percurso. Na areia, uma concha de caranguejo, cor-de-rosa, chamou nossa atenção. Uns cem metros mais adiante, começamos a ouvir o murmúrio ritmado das ondas. Percebi que minha filha ficara curiosa para saber o que provocava aquele ruído. Levantei-a com o braço e apontei em direção ao mar. Seu olhar acompanhou o meu braço, percorrendo toda a praia, até atingir o imenso oceano azul-esverdeado. Por um momento, hesitou. Eu não sabia ao certo se ela estava perplexa ou assustada com esse primeiro vislumbre do infinito. Mas então abriu um sorriso radiante. Não havia nada que eu precisasse lhe dizer, nada que eu precisasse explicar.

O ensaio é bem apropriado à minha identidade irrequieta como cientista e escritor. É também uma forma generosa de escrever, pois é capaz de acomodar o filósofo, o mestre, o polemista, o contador de histórias, o poeta. Basta uma idéia inicial, a intenção de dar um tom pessoal ao assunto (muitas vezes trata-se de nós mesmos) e a disciplina de calar-se antes que a composição se torne um livro. Escrever sobre ciência constitui um desafio ao ensaísta, pois a maioria das pessoas deseja ler sobre pessoas ou, pelo menos, sobre coisas ligadas a pessoas. E boa parte da ciência, como não poderia deixar de ser, é inanimada e muito distante da vida cotidiana. Nesse aspecto, um ensaio sobre medicina ou psicologia pode ser intrinsecamente mais envolvente do que um sobre química ou física. As pessoas precisam ser induzidas a ler sobre ciência do mesmo modo que a gastrônoma M. F. K. Fisher as leva a ler sobre comida: qual é o número ideal de pessoas a serem convidadas para um jantar, e por quê? E lembram-se do bigode engraçado do garçom que a serviu naquele pequeno restaurante em Dordogne? Quando Fisher finalmente chega aos alimentos, é a própria comida que parece clamar por nós, pois nosso apetite já foi mais do que aguçado.

Em muitos destes ensaios, a ciência é meramente um ponto de partida para o território incerto do comportamento humano. Quase metade das peças são em parte parábola, ou fábula, ou história. Afora o seu assunto específico, cada ensaio exige uma nova abordagem, seja para estimular o autor, seja para entreter o leitor. Como acontece no conto, a concepção de um ensaio ou funciona ou não funciona. Se não funcionar, é preciso jogá-lo no lixo, sem piedade. Eu só espero ter jogado fora tudo o que deveria ter jogado.

"PAS DE DEUX"

Sob uma tênue luz azulada, a bailarina desliza pelo palco e parece voar, seus pés roçando na Terra imperceptivelmente. *Sauté, batterie, sauté*. As pernas se cruzam e esvoaçam, os braços se abrem num amplo arco. A bailarina sabe que a maneira mais fácil de arruinar uma boa apresentação é pensar demais no que o corpo está fazendo. Melhor confiar nos anos de exercícios diários, no entendimento que os próprios músculos têm da força e do equilíbrio.

Enquanto ela dança, a natureza vai desempenhando o *seu* papel de modo impecável, com absoluta confiabilidade. Na *pointe*, o peso da bailarina é precisamente compensado pelo empuxo do chão contra a sapatilha: as moléculas em contato são comprimidas exatamente na medida necessária para contrabalançar uma força com igual força contrária. Gravidade equilibrada com eletricidade.

Uma linha invisível parte do centro da Terra, passa pelo ponto de contato da bailarina com o chão e continua avançando para cima. Se o centro da bailarina se desviar um centímetro que seja dessa linha, conjugados gravitacionais irão derrubá-la. Ela nada sabe sobre mecânica, mas é capaz de permanecer sobre os dedos do pé por vários minutos, seu corpo efetuando continuamente minúsculas correções que revelam uma intimidade com os conjugados e a inércia.

A gravidade possui a elegante propriedade de acelerar igualmente todas as coisas. Por causa disso os astronautas ficam sem peso ao orbitarem em torno da Terra exatamente na mesma trajetória que suas naves espaciais, parecendo flutuar no interior delas. Einstein compreendeu isso melhor do que qualquer outro e, ao descrever a gravidade, recorreu a uma teoria mais geométrica do que física, com mais curvas do que forças. A bailarina, saltando ligeiramente para frente, paira sem peso por um momento em meio às flores que soltou em pleno ar, todas caindo na mesma trajetória.

Agora ela se prepara para uma *pirouette*: a perna direita recua até a quarta posição, um dos pés se afasta do corpo, os braços se recolhem para acelerar o rodopio. Antes de perder o equilíbrio, a bailarina consegue dar quatro giros. Dançarinos homens — em *demi-pointe* e, portanto, com maior área de contato — às vezes conseguem chegar a seis ou oito. A bailarina se recupera bem, rodopiando suavemente de volta à Terra e lembrando-se de cair com um sorriso na quinta posição. Por um instante seus pés estancam, colhidos entre o fim do rodopio e o atrito do piso. O atrito é importante. Todo corpo permanece em estado de repouso ou movimento uniforme a menos que forças externas ajam sobre ele. Toda ação implica uma reação.

A bailarina depende da constância das leis da física, embora ela mesma seja bastante imprevisível. Nessa mesma apresentação, na noite anterior, ela só deu três voltas e meia em sua primeira *pirouette* e completou o *arabesque* a mais de um metro de onde foi parar hoje. Independentemente dessas disparidades, os átomos do chão, não importa onde ela caia e com aviso prévio de 1 milissegundo, precisam estar preparados para reagir com fiel precisão. As leis de Newton, a força de Coulomb e a carga dos elétrons têm de ser idênticas noite após noite — de outra forma, a bailarina calculará errado a elasticidade do chão ou o momento necessário de inércia. A sua arte é mais bela por sua incerteza. Mas a arte da natureza está na sua certeza.

A bailarina assume uma pose após outra, todas elas frágeis e simétricas. Na física dos sólidos, podemos encontrar estruturas de cristais que parecem idênticas após rotações de meio, um terço, um quarto e um sexto de círculo. Cristais com simetrias de um quinto e um sétimo de círculo não existem, pois não há como preencher o espaço com pentágonos ou heptágonos em contato. A bailarina é reflexo de uma série de formas naturais. Ela é a princípio etérea, depois se torna lírica. Esforçou-se durante anos para desenvolver um estilo pessoal, ornado com fragmentos dos grandes dançarinos.

Enquanto dança, a natureza, no espelho, busca o seu próprio estilo sem esforço. É a manifestação derradeira da técnica clássica, inalterada desde que o universo surgiu.

Para encerrar, a bailarina realiza um *demi-plié* e salta 60 centímetros no ar. A Terra, a fim de equilibrar o seu momento, responde com o seu próprio *sauté*, alterando sua órbita em 1 décimo-trilionésimo da largura de um átomo. Ninguém percebe, mas foi exato e perfeito.

UM LAMPEJO DE LUZ

Meu interesse pela física tornou-se realmente sério quando eu ainda era calouro na faculdade. Certo dia, no refeitório, um dos alunos do último ano anunciou, presunçoso, que, recorrendo apenas à mecânica, seria capaz de determinar onde atingir uma bola de bilhar para que ela rolasse sem deslizar. Fiquei bastante impressionado e decidi que ali estava um assunto que merecia um exame mais aprofundado.

Embora não me desse conta na época, os cientistas geralmente podem ser divididos em dois campos: os teóricos e os experimentalistas, os que lidam com abstrações e os que põem a mão na massa. Especialmente na física, a distinção é clara e imediata. Desde então, tenho observado que, além da sua perícia no laboratório, os experimentalistas (em particular os do sexo masculino) são também proficientes em pequenos consertos domésticos, sabem o que se passa debaixo do capô do carro e têm um atrativo especial para o sexo oposto. Os teóricos atêm-se aos seus próprios dotes, divertindo-se durante horas com uma folha de papel quase em branco e discutindo problemas de xadrez durante o almoço. Em algum momento da faculdade, seja por seus genes ou por mero acidente, o cientista novato começa a pender em uma ou outra direção e dali em diante as coisas ficam praticamente definidas.

Meu percurso foi decidido no terceiro ano da faculdade. Por algum motivo, o departamento de física pusera na cabeça que nós, estudantes, deveríamos adquirir conhecimentos práticos da matéria. Com isso em mente, recomendaram enfaticamente que naquele outono participássemos de um *workshop* de eletrônica, sem direito a notas ou créditos. A maioria de meus colegas agarrou a oportunidade com unhas e dentes — em especial aqueles de desempenho acadêmico mais trôpego, que podiam ser ouvidos murmurando com ironia frases como: "Isso vai separar os homens dos meninos". (Aquela faculdade era só para homens naquele tempo.) Tive um mau presságio do que iria acontecer, mas como não sou do tipo que enfia o rabo entre as pernas, resolvi me matricular.

A oficina de eletrônica era muito diferente dos exercícios rotineiros de laboratório da maioria dos cursos, nos quais vivíamos medindo alguma coisa cuja resposta correta já sabíamos perfeitamente de antemão. Um experimento de que me lembro exigia que determinássemos a velocidade da luz. O equipamento era composto de dois espelhos, um estacionário e o outro girando em alta velocidade. A luz, ao percorrer a distância de ida e volta entre os dois espelhos, deflectiria ligeiramente no caminho de volta devido à rotação do espelho móvel e, a partir dessa deflexão, seria possível deduzir a sua velocidade. É claro, podíamos também ficar sabendo qual é a velocidade da luz lendo qualquer um dos vários livros sobre o assunto. Se o valor medido ficasse longe do valor correto, deveríamos ajustar os espelhos e tentar de novo. Com vigor e perseverança, acabávamos chegando ao resultado desejado — quando então tudo era cuidadosamente registrado e o experimento declarado um sucesso. E saíamos do laboratório em busca de outras montanhas para galgar.

Mas o projeto de eletrônica era diferente. Cada um de nós recebia um grande lote de transistores, capacitores e apetrechos do gênero, uma descrição do que o aparelho pronto teria que *fazer*, e tínhamos que nos virar por nossa conta. O meu aparelho, por exemplo, deveria acender uma lâmpada por vários segundos quando tons puros acima de dó central lhe fossem oferecidos, mantendo-se em perfeito torpor em qualquer outra circunstância. (Confesso que não tive nenhum problema em relação ao estado de torpor.) Para nos ajudar com os fundamentos da matéria, ofereceram-nos um manual chamado *Basic electronics for scientists* [Eletrônica básica para cientistas], que de imediato reconheci como um aliado cordato — levei-o comigo por toda parte durante semanas e mergulhei nele noites e madrugadas, às custas do meu sono e do sono de meu companheiro de quarto.

Os dois meses seguintes foram lastimáveis. Descobri que o que funcionava no livro não funcionava necessariamente na banqueta do laboratório, pelo menos não sob minha supervisão. Com isso, fui ficando muito atrás da maioria de meus colegas de classe. Eles sabiam exatamente como montar seus circuitos para obter os resultados desejados. Quando observavam a linha sinuosa de um osciloscópio, aquilo lhes dizia algo. Embora quisesse muito que o projeto desse certo, eu carecia daquele pendor especial que faz as coisas funcionarem. Eu era capaz de escrever poesia, tocar *Clair de lune* ao piano e adorava conversar sobre idéias. Mas era inepto para fazer as coisas funcionarem.

Certo dia, naquele semestre, graças a alguma remessa equivocada dos correios, recebi junto com minhas cartas o catálogo de um curso de eletrônica por correspondência. Normalmente costumo jogar esse tipo de coisa fora. Mas naquele momento o catálogo me pareceu enviado pela Providência. Levei-o de volta ao dormitório, discretamente, e pus-me a lê-lo. A primeira página dizia algo sobre ser possível a qualquer pessoa — mesmo sem nenhum treinamento anterior ou aptidão e no máximo em seis semanas — projetar e montar circuitos *operantes*, consertar televisores quebrados e apresentar-se à indústria eletrônica em geral como uma potência a ser levada a sério. Acompanhavam alguns diagramas de exemplo, algumas fotos de dispositivos de aparência robusta e declarações esfuziantes de ex-alunos bem-sucedidos. O que mais me atraiu foi uma provisão segundo a qual, durante o curso, eu poderia enviar pelo correio esboços detalhados de qualquer projeto eletrônico concebido por mim e ser rapidamente informado se aquela coisa poderia de fato funcionar. Isso eles garantiam. Consertar aparelhos de TV não me interessava muito, mas a chance de obter um veredicto firme e abalizado do meu titubeante empreendimento eletrônico não era para ser desdenhada.

Matriculei-me sem demora nesse curso de eletrônica por correspondência. O preço era 200 dólares, mas nós mesmos tínhamos que fornecer as peças — das quais eu, naturalmente, tinha um amplo estoque. Meu plano era enviar furtivamente uma série de esquemas intermediários do meu projeto na faculdade até que um deles recebesse o selo de aprovação. Eu poderia então correr até o laboratório de física e montar a engenhoca em cima da hora. Meus colegas, enquanto isso, continuavam freqüentando o laboratório todos os dias, testando laboriosamente cada etapa de seus projetos. Eu já tentara esse método — e fracassara. Foi um grande alívio poder agora sofrer sozinho todas as derrotas preliminares, sem ter de me humilhar na frente dos outros.

Por fim, um dos meus esquemas eletrônicos foi aprovado. Passei os últimos dias até a data de entrega trabalhando calmamente no laboratório, soldando cada peça na posição prefigurada. Meus colegas observavam meu progresso miraculoso com aquela espécie de respeito que nunca chega a ser verbalizado. Estávamos quites, e eu transbordava de satisfação. Todavia, não tive coragem de colocar o aparelho à prova.

O parecer final sobre cada projeto foi dado num dia de dezembro por um membro muito competente do departamento, o professor Pollock. Pollock era um homem de poucas palavras, mas era um homem justo. Meio calvo, se bem me lembro, usava óculos de lentes grossas e costumava manter a cabeça inclinada para frente. Quando algo que dizíamos ou fazíamos o divertia, olhava brevemente para cima e sorria, sem emitir o menor ruído ou fazer qualquer movimento com a cabeça. Pollock era capaz de fazer as coisas funcionarem. Tinha mãos grandes. Já havia até construído ciclotrons.

Naquele dia, no laboratório, vários projetos e alunos aguardavam ansiosamente, como cães e seus donos numa exposição de animais. Quando chegou a minha vez de pôr o totó para andar, toquei uma nota para ele — não me lembro agora se acima ou abaixo do dó central — e ele respondeu com um único lampejo ofuscante de luz, seguido do cheiro inequívoco de fogo elétrico. Aquele clarão súbito pareceu-me na hora um tiro de revólver e instintivamente me agachei, buscando cobertura. Foi surpreendente que ninguém tenha se machucado. Pollock permaneceu sorrindo por mais tempo do que o normal.

No verão seguinte, Armstrong e Aldrin caminharam na Lua. Enquanto assistia a seus passos pela televisão, na casa de meus pais, senti enorme respeito por todas as peças que haviam trabalhado para levá-los até lá: o propulsor do foguete, os computadores, os trajes espaciais. E enchi-me de admiração pelas pessoas que estavam por trás disso tudo, pessoas hábeis com suas mãos. Pollock talvez fosse uma delas e, sem dúvida, os colegas mais engenhosos da faculdade iriam trabalhar em coisas semelhantes no futuro. Mas também me ocorreu que nós, teóricos, fomos igualmente necessários, assegurando que a Lua estivesse onde estava no momento em que os astronautas chegaram lá. Existem aqueles que lidam com abstrações e aqueles que põem a mão na massa, e não me entristeci ao descobrir qual era a minha turma.

SORRISO

É um sábado do mês de março. O homem acorda sem pressa, estende os braços, tateia o vidro da janela e percebe que lá fora está quente o bastante para dispensar as ceroulas. Ainda bocejando, veste-se e sai para dar a sua corrida matinal. Quando retorna, toma uma ducha, prepara ovos mexidos para si e refestela-se no sofá com *The essays of E. B. White*. Por volta do meio-dia, vai de bicicleta até a livraria, onde passa algumas horas, apenas folheando livros. Retorna pedalando pela cidade, passa por sua casa e vai em direção ao lago.

Quando a mulher acordou essa manhã, levantou-se e foi imediatamente até o seu cavalete, onde retomou os pastéis e pôs-se a trabalhar num quadro. Uma hora depois, deu-se por satisfeita com um efeito de luz e interrompeu o trabalho para tomar café. Vestiu-se às pressas e caminhou até uma loja próxima para comprar persianas para o banheiro. Na loja, encontrou-se com algumas amigas e decidiu almoçar com elas. Mais tarde, desejando ficar sozinha, pegou o carro e dirigiu-se para o lago.

O homem e a mulher estão agora no embarcadouro de madeira, contemplando o lago e as ondas na água. Ainda não perceberam a presença um do outro.

O homem então se vira. E assim tem início a seqüência de eventos que haverão de informá-lo a respeito dela. A luz refletida pelo corpo da mulher penetra instantaneamente suas pupilas — 10 trilhões de partículas de luz por segundo. Depois de atravessar as pupilas dos olhos de ambos, a luz percorre uma lente oval e, em seguida, uma substância transparente gelatinosa que preenche o globo ocular, até atingir a retina, onde é recebida por 100 milhões de células, os cones e bastonetes.

As células que estão no percurso da luz refletida são fortemente iluminadas, ao passo que as situadas nas regiões sombreadas da cena refletida recebem pouquíssima luz. Os lábios da mulher, por exemplo, estão brilhando sob a luz do sol nesse momento e, portanto, refletem uma luz de alta intensidade, captada por um pequeno grupo de células situadas ligeiramente a nordeste do centro posterior da retina do homem. O contorno da boca, por outro lado, aparece bastante escuro, de modo que as células próximas da região nordeste recebem muito menos luz.

Cada partícula de luz conclui a sua viagem pelo olho ao deparar-se com uma molécula da retina constituída de 20 átomos de carbono, 28 átomos de hidrogênio e 1 átomo de oxigênio. Em estado dormente, cada molécula retiniana está ligada a uma molécula de proteína e apresenta uma torção entre o 11º e o 15º átomo de carbono. Mas quando a luz incide, como começa a acontecer agora em cerca de 30 quatrilhões delas a cada segundo, elas se distendem e se separam da molécula de proteína. Após várias etapas intermediárias, acabam se retorcendo outra vez, aguardando a chegada de uma nova partícula de luz. Muito menos de um milésimo de segundo se passou desde que o homem viu a mulher.

Instigadas pela dança das moléculas retinianas, as células nervosas, ou neurônios, começam a reagir, primeiro no olho e depois no cérebro. Um neurônio, por exemplo, acaba de entrar em ação. As moléculas de proteína na sua superfície mudam subitamente de forma, bloqueando o fluxo de átomos de sódio com carga positiva dos fluidos corporais circunvizinhos. Essa mudança no fluxo de átomos eletricamente carregados produz uma mudança de voltagem que estremece toda a célula. Avançando uma fração de centímetro, o sinal elétrico atinge a extremidade do neurônio, alterando a liberação de moléculas específicas, que migram por uma distância de cerca de 4 milionésimos de centímetro até atingirem o neurônio seguinte, passando adiante as notícias.

A mulher tem as mãos na cintura e inclina a cabeça num ângulo de 5,5 graus. Seus cabelos caem suavemente sobre os ombros. Essa informação e muitas, muitas outras são codificadas com precisão pelas pulsações elétricas dos vários neurônios nos olhos do homem.

Alguns milésimos de segundo depois, os sinais elétricos chegam aos neurônios dos gânglios, que se aglomeram no nervo óptico atrás dos olhos e transmitem dados ao cérebro. Aqui, os impulsos correm para o córtex visual primário, uma camada de tecido todo redobrado de aproximadamente 0,04 centímetro de espessura e 13 centímetros quadrados de área, contendo 100 milhões de neurônios em meia dúzia de camadas. A quarta camada é a primeira a receber esse *input* e realiza uma análise preliminar, transferindo então as informações para os neurônios das outras camadas. Em cada estágio, cada neurônio pode receber sinais de mil outros neurônios, combinar esses sinais — alguns dos quais se anulam reciprocamente — e despachar o resultado computado para outros mil neurônios.

Passados trinta segundos — depois que várias centenas de trilhões de partículas de luz refletida penetraram os olhos do homem e foram processadas —, a mulher diz "Oi". Imediatamente, a começar pelas suas cordas vocais, moléculas de ar são empurradas umas contra as outras, afastadas logo em seguida, coligadas entre si novamente, e viajam em movimentos espiralados até os ouvidos do homem. O som percorre essa trajetória de 6 metros em cerca de 1 qüinquagésimo de segundo.

Dentro do ouvido, o ar em vibração rapidamente completa o percurso até o tímpano. O tímpano, uma membrana oval de 0,7 centímetro de diâmetro, inclinado 55 graus em relação ao canal auditivo, começa ele próprio a vibrar e a transmitir seus movimentos a três ossos minúsculos. De lá, as vibrações agitam o fluido da cóclea, uma cavidade em forma de caracol com duas voltas e meia em espiral.

Dentro da cóclea, as tonalidades são decifradas. Aqui, uma membrana finíssima ondula em cadência com o chapinhar do fluido. Através dessa membrana basilar passam microfilamentos de espessuras variadas, lembrando as cordas de uma harpa. É como se a voz da mulher, vinda de longe, tocasse essa harpa. Seu "Oi" começa nas regiões mais graves e vai se tornando paulatinamente mais agudo. Reagindo com precisão, os filamentos mais grossos da membrana basilar vibram primeiro, seguidos pelos mais finos. Por fim, dezenas de milhares de corpúsculos em forma de bastonete, encarapitados na membrana basilar, transmitem suas tremulações ao nervo auditivo.

Notícias do "Oi", sob forma elétrica, avançam pelos neurônios do nervo auditivo e entram no cérebro do homem através do tálamo, até chegarem a uma região especializada do córtex cerebral onde serão reprocessadas. Por fim, uma grande parcela dos trilhões de neurônios do cérebro do homem acaba envolvida na computação dos dados visuais e auditivos que acabaram de chegar. Portas de sódio e potássio se abrem e se fecham. Correntes elétricas percorrem as fibras dos neurônios. Moléculas fluem da extremidade de um nervo para a de outro.

Tudo isso é sabido. O que não se sabe é por que, cerca de um minuto depois, o homem caminha até a mulher e sorri.

A TERRA É REDONDA OU PLANA?

Proponho que poucos de nós verificaram pessoalmente se a Terra é, de fato, redonda. O sugestivo globo pendurado na biblioteca e as fotografias da missão Apolo não valem. Enquanto provas, são evidências indiretas que qualquer tribunal descartaria sem pestanejar. Quando refletimos a respeito, a verdade é que a maioria de nós simplesmente acredita naquilo que ouve. Redonda ou plana, não importa. Afinal, a menos que você viva perto da borda, não é uma questão de vida ou morte.

Alguns anos atrás, para meu grande espanto, percebi de repente que não sabia com certeza se a Terra é redonda ou plana. Alguns colegas cientistas, geodesistas como são chamados, têm como único ofício determinar detalhadamente o formato da Terra adequando fórmulas matemáticas às medidas *tomadas por outros* dos locais exatos de estações de teste espalhadas pela superfície terrestre. Mas acho que, na realidade, nem essas pessoas sabem ao certo.

Aristóteles foi a primeira pessoa da história registrada a oferecer provas de que a Terra é redonda. Ele usou vários argumentos diferentes, muito possivelmente porque queria convencer tanto os outros como a si mesmo. Por dezenove séculos, muitas pessoas acreditaram em tudo que Aristóteles disse.

Sua primeira prova era que a sombra da Terra durante um eclipse lunar é sempre curva, um segmento de círculo. Se a Terra fosse de qualquer outro formato que não esférico, a sombra projetada também não seria circular em algumas orientações. (O fato de as fases normais da Lua terem a forma de um crescente nos revela que a Lua é redonda.) Acho esse argumento deliciosamente sedutor. É simples e direto. Além disso, qualquer pessoa inquiridora e desconfiada pode realizar o experimento por conta própria, sem equipamento especial. Em qualquer ponto na Terra, é possível acompanhar um eclipse lunar cerca de uma vez por ano. É só olhar para cima na noite certa e observar cuidadosamente o que está acontecendo. Eu, porém, nunca fiz isso.

A segunda prova de Aristóteles é que as estrelas nascem e se põem antes para os povos do Oriente que para os do Ocidente. Se a Terra fosse plana de leste a oeste, as estrelas nasceriam juntas tanto para os orientais como para os ocidentais. Com alguns rabiscos numa folha de papel, podemos ver que essas observações implicam uma Terra redonda — não importa se a Terra gira em torno de si mesma ou se as estrelas revolvem em torno dela. Por fim, viajantes indo para o norte observam estrelas até então invisíveis surgirem por sobre o horizonte setentrional, mostrando que a Terra é recurvada do norte para o sul. É evidente que nesse caso temos que aceitar os relatos de amigos em várias partes do mundo ou nos dispormos a empreender uma viagem.

O último argumento de Aristóteles era puramente teórico, filosófico mesmo. Se a Terra houver se formado de partes menores (ou se for *possível* que tenha sido formada assim), essas partes teriam caído em direção a um centro comum, constituindo portanto uma esfera. Além disso, uma esfera é claramente a forma sólida mais perfeita. É interessante que Aristóteles tenha dado tanta ênfase a esse argumento quanto aos dois primeiros. Naqueles tempos, antes do "método científico" moderno, a confirmação da observação não era necessária para que se investigasse a realidade.

Suponhamos por ora que a Terra seja redonda. A primeira pessoa que mediu a sua circunferência com precisão foi um outro grego, Eratóstenes (276-195 a.C.). Eratóstenes notou que no primeiro dia do verão a luz do sol chegava até o fundo de um poço vertical em Siena (hoje Assuan), no Egito, indicando que o Sol estava diretamente acima. Na mesma hora em Alexandria, a 5 mil estádios de distância, o Sol formava um ângulo de 1/50 de circunferência com a vertical. (Um estádio equivale a aproximadamente 185 metros.)

Como o Sol está muito longe, seus raios chegam até nós quase paralelos. Se desenharmos um círculo com duas linhas radiais que, partindo do centro, cruzem perpendicularmente o perímetro, veremos que um raio de sol que chegue paralelamente a uma das linhas radiais (em Siena) formará um ângulo com a outra (em Alexandria) igual ao ângulo entre as duas linhas radiais do nosso círculo. Desse modo, Eratóstenes concluiu que a circunferência total da Terra seria 50 × 5 mil estádios, ou cerca de 46 mil quilômetros. Esse cálculo está menos de 1 por cento fora do mais preciso valor moderno.*

Há pelo menos seiscentos anos as pessoas instruídas acreditam que a Terra é redonda. Em praticamente toda universidade medieval, o quadrivium (abrangendo aritmética, geometria, música e astronomia) era parte do currículo padrão. O ensino da astronomia baseava-se no *Tractatus de sphaera mundi*, um manual bastante popular escrito por um astrônomo e matemático de Oxford no século XIII, Johannes de Sacrobosco, e publicado pela primeira vez em Ferrara, na Itália, em 1472. O *Sphaera* prova suas asserções astronômicas, em parte, através de uma série de diagramas com peças móveis, uma demonstração gráfica da segunda prova de Aristóteles. A Terra redonda, ocupando obviamente o centro do universo, constitui um pivô fixo para todo o conjunto, enquanto figuras recortadas do Sol, da Lua e das estrelas giram em torno.

Em 1500, vinte e quatro edições do *Sphaera* haviam sido lançadas. Não resta dúvida que muitas pessoas *acreditavam* que a Terra é redonda. Mas eu me pergunto quantas *sabiam* disso. Seria de se imaginar que Colombo e Magalhães tivessem preferido averiguar os fatos por si antes de darem adeus.

A fim de defender minha honra de cientista, de alguém que jamais aceita as coisas sem as comprovar, decidi partir com minha esposa num cruzeiro marítimo pelas ilhas gregas. Raciocinei que em

---

(*) Para afirmar que o valor determinado por Eratóstenes difere em apenas 1 por cento do comprimento real, Lightman tomou um estádio como 528 pés (1/10 de milha ou 161 metros). Todavia, um estádio mede 607 pés (185 metros), fazendo com que o erro de Eratóstenes (pelo menos de acordo com os dados aqui apresentados) esteja mais por volta de 12 por cento, uma vez que a circunferência da Terra mede 40 033 quilômetros. (N. T.)

alto-mar seria possível observar calmamente as massas continentais desaparecerem ao longo da curvatura da Terra e assim convencer a mim mesmo, de primeira mão, que a Terra *é* redonda.

A Grécia pareceu-me um lugar particularmente aprazível para conduzir o meu experimento. Podia pressentir aqueles grandes pensadores da Antiguidade observando-me e dando seu aval. Além do que, a topografia da região é perfeita. Hidra ergue-se 600 metros acima do nível do mar. Se o raio da Terra for 6400 quilômetros, como dizem, então Hidra deveria parecer sumir no horizonte a cerca de 80 quilômetros, um pouco menos do que a distância que deveríamos navegar de Hidra a Kea. A teoria era bem fundamentada e pertinente. Na pior das hipóteses, pensei, teríamos umas férias agradáveis.

Na verdade, foi só o que conseguimos. Todos os dias estavam enevoados. As ilhas desapareciam de vista a uma distância de apenas 10 ou 12 quilômetros, quando ainda permaneciam visíveis vários graus acima da linha do horizonte. Pude constatar quanto vapor d'água havia na atmosfera, mas nada descobri acerca da curvatura da Terra.

Desconfio de que existe um bom número de "fatos" que aceitamos de boa-fé, alguns deles bastante importantes, incluindo coisas que poderíamos verificar sem muito problema. O gás que exalamos é o mesmo gás que inspiramos? (Será que nosso metabolismo de fato queima oxigênio, como dizem?) Do que nosso sangue é feito? (De fato possui glóbulos brancos e vermelhos?) Essas perguntas poderiam ser respondidas com um balão, uma vela e um microscópio.

Quando finalmente realizamos um experimento, não podemos senão atribuir um grande valor ao conhecimento adquirido. Em um momento ou em outro, todos nós já aprendemos alguma coisa por conta própria, a partir da estaca zero, sem nos fiarmos na palavra de ninguém. Sentimos uma alegria e satisfação especiais quando podemos contar a alguém que desenvolvemos algo a partir do nada, quando conseguimos explicar algo que realmente conhecemos. Acho que essa empolgação é um dos grandes motivos pelos quais as pessoas se dedicam à ciência.

Algum dia, em breve, pretendo acompanhar a sombra da Terra num eclipse lunar, ou navegar em alto-mar num dia límpido, para determinar de uma vez por todas se a Terra é redonda ou plana. Na verdade, dizem que, devido à rotação, a Terra é ligeiramente achatada nos pólos. Mas essa já é uma outra história.

SE OS PÁSSAROS CONSEGUEM VOAR, POR QUE, OH, POR QUE EU NÃO CONSIGO?

A capacidade física do ser humano é restrita, e muito, pelas leis naturais. Nada melhor para ilustrar isso do que a impossibilidade de voarmos — não importa a força ou a diligência com que possamos bater os braços. No entanto, o problema não é apenas a falta de asas. Se ampliarmos um faisão até as dimensões de um homem, ele despencará ao solo como uma pedra. Nem devemos nos esquecer de Ícaro. Na ilustração mais do que plausível do mito num livro que me acompanhou quando garoto, o comprimento de cada uma de suas asas era igual à altura do herói e a largura delas era talvez um quarto disso — não muito diferente das proporções graciosas de uma andorinha. Infelizmente, para voar com tais asas, o jovem teria de abanar seus braços com a potência de 1,5 HP, ou quatro vezes mais do que um ser humano atlético é capaz de sustentar. Ícaro e Dédalo talvez não tivessem outra opção que não se exaurir totalmente para escapar de Creta por via aérea, mas a maioria de nós certamente preferiria usar um equipamento melhor.

Peso, forma e potência disponível desempenham um papel na ciência do vôo. Comecemos com o requisito mais óbvio para voar: uma força de sustentação capaz de compensar o peso do animal. Essa sustentação é fornecida pelo ar. O ar tem peso e, no nível do mar, empurra para todos os lados igualmente com uma pressão de 1 quilograma-força por centímetro quadrado de superfície. Para obter sustentação, o animal precisa reduzir a pressão do ar sobre a sua superfície superior, gerando assim uma diferença de pressão que o empurra de baixo para cima. Aves e aviões fazem isso movimentando-se para frente com asas de formato apropriado. A curvatura e o bordo de fuga de uma asa forçam o ar a fluir mais rapidamente na parte de cima do que na parte de baixo. Isso acaba por gerar uma pressão ascendente proporcional à densidade do ar e ao quadrado da velocidade de avanço — uma lei básica da física que deriva do princípio da conservação de energia. Assim, se duplicarmos a velocidade, quadruplicamos a pressão de sustentação. Do mesmo modo, se não houver movimento, não há pressão de sustentação. Por outro lado, nenhum pássaro poderia voar na Lua, onde a densidade do ar é praticamente zero. (Contudo, dada a menor gravidade da Lua, toda criatura consegue dar saltos seis vezes mais altos do que na Terra, uma compensação que talvez seja tão satisfatória quanto.)

Uma vez obtida uma pressão de sustentação de tantos quilos por centímetro quadrado, o próximo passo é tentar conseguir o maior número possível de centímetros quadrados. Por exemplo, uma pressão de sustentação de 0,7 grama por centímetro quadrado (obtida voando-se a cerca de 55 quilômetros por hora) atuando sobre uma asa de 0,26 metro quadrado, produzirá uma força total de sustentação de 1,8 quilo — suficiente para fazer flutuar um pássaro de peso médio. Mas existe aqui a possibilidade de se fazer uma troca conveniente: a força de sustentação necessária pode ser obtida com uma asa de área menor, se o animal aumentar a sua velocidade, e vice-versa. Cada ave utiliza essa opção de acordo com as suas necessidades. A grande garça-azul, por exemplo, tem pernas longas e delgadas para locomover-se na água e precisa voar devagar para não quebrá-las ao pousar. Portanto, a envergadura das suas asas é relativamente grande. Os faisões, por outro lado, têm que manobrar em meio a arbustos rasteiros e achariam asas grandes um estorvo. Para se manter no ar com suas asas comparativamente curtas e grossas, precisam voar depressa. Gostaria de ilustrar com alguns números que obtive por telefone de um senhor muito prestativo da Audubon Society, que por acaso tinha essas aves no escritório. Uma garça-azul pesa em média 3 quilos e projeta uma asa de aproximadamente 0,5 metro quadrado; num faisão típico, a relação peso-superfície da asa é três vezes maior. Todavia, o faisão voa a céleres 80 quilômetros por hora, o dobro da velocidade de uma garça.

Não é nada óbvio como um pássaro consegue impelir-se para frente sem ajuda de hélices. O mistério só foi esclarecido no início do século XIX por sir George Cayley, pai da aerodinâmica moderna. (Leonardo da Vinci passou anos estudando a arte de voar e pode muito bem ter chegado a compreender a propulsão das aves, mas seus apontamentos permaneceram desaparecidos até cem anos atrás e, como era do seu feitio, foram deixados incompletos — embora, segundo uma lenda, Da Vinci tenha lançado um de seus alunos do alto do monte Cecere numa engenhoca voadora que caiu no mesmo instante.) Na realidade, as aves possuem hélices: as penas especialmente desenhadas na metade externa de suas asas. Essas penas, chamadas plumas primárias, mudam de forma e posição em cada batida das asas. Quando as asas descem, elas avançam para baixo e para frente; quando as asas sobem, movem-se para cima e para trás. As plumas primárias, que operam segundo os mesmos princípios físicos que o restante da asa, produzem uma sustentação para frente, e não para cima.

Voar, como qualquer outra atividade física, consome energia. Num mundo sem atrito, um pássaro que tivesse atingido um nível de vôo e estivesse satisfeito com o seu curso poderia planar para sempre, sem mover um músculo. Bater asas e despender energia tornam-se inevitáveis por causa da resistência do ar. Dependendo da aerodinâmica, a força de arrasto é algo em torno de 1 vigésimo da força de sustentação. Para superar a resistência, uma garça, ao voar, precisa despender energia a uma taxa aproximada de 1 qüinquagésimo de HP, deixando para trás suas calorias sob a forma de bolsões agitados de ar. Aves com as mesmas proporções e peso maior têm que investir mais força ainda por cada quilo de peso. Se quadruplicarmos as dimensões de um pássaro em todas as direções, mantendo o seu formato idêntico, seu peso e volume aumentarão 64 vezes, ao passo que a força necessária para voar terá que ser 128 vezes maior. O único modo de contornar isso é mudar a forma. Por exemplo, se mantivermos fixo o volume (e peso) total, mas aumentarmos a área da asa quatro vezes, poderemos voar com metade do dispêndio de energia. Nos longos vôos migratórios, as aves economizam energia voando juntas em formação, cada uma das de trás sendo impelida em parte pela corrente de ar ascendente que acompanha o deslocamento da ave à sua frente — e é por isso que elas se alternam ocupando as posições dianteiras. Mas para vôos-solo, o peso e o formato determinam inexoravelmente a energia necessária. Esses são os fatos da vida em aviação.

Vejamos agora a biologia. Aqui constatamos que, quilo por quilo, as criaturas vivas são altamente ineficientes na geração de potência útil quando comparadas aos motores de combustão interna. Um ser humano consegue sustentar uma produção máxima de força mecânica equivalente a apenas 1/200 da potência de um motor do mesmo peso. Para a biologia chegar a 12 HP, a potência do motorzinho do avião dos irmãos Wright de 1903, só mesmo recorrendo aos serviços de um elefante.

Todavia, o empecilho da potência biológica limitada vai diminuindo à medida que diminui o tamanho. Animais mais leves são mais potentes por cada quilo de peso do que os mais pesados. Comecemos com um cavalo de 200 quilos, que tem à sua disposição 1 HP. Reduzamos agora o peso do animal. Para cada 50 por cento de redução no peso, verificamos que a potência disponível para trabalho diminui apenas 40 por cento. Caindo abaixo de 30 gramas, descobrimos que 4 mil ratos (que pesam tanto quanto um homem) têm nove vezes a força total de um ser humano. Embaraçoso, talvez, mas não inesperado. Ao contrário da maioria dos motores e máquinas, os músculos dos animais geram mais calor do que trabalho útil. Como a produção de calor não pode manter-se a uma taxa superior à capacidade de o animal se resfriar, e como o resfriamento via de regra se efetua através da superfície da pele, os animais produzem calor e força mecânica aproximadamente em proporção à sua área superficial. Portanto, a relação entre produção de força e peso é semelhante à relação entre área superficial e volume. Daqui para frente só precisamos da matemática para constatar que objetos menores têm mais área superficial relativamente ao seu volume do que objetos grandes. (Animais muito pequenos também têm suas desvantagens, como a necessidade de ingerir alimentos a maior parte do dia, mas essa já é outra história.)

Pois bem. Uma vez que, aumentando-se o peso, a força necessária para voar aumenta mais depressa do que a força total disponível — se não houver alguma mudança espetacular no formato do corpo —, as criaturas leves claramente levam vantagem quando se trata de voar. A natureza parece reconhecer esse embate entre física e biologia, pois embora as aves venham voando há 100 milhões de anos, a ave realmente voadora mais pesada que existe, a grande abetarda, raramente excede 14 quilos. Aves maiores — aves que mais planam, como os abutres — alçam vôo graças a colunas ascendentes de ar quente e não arcam com todo o seu peso no ar. A avestruz, que chega a pesar cerca de 130 quilos, nunca deixa o solo, aparentemente preferindo massa bruta ao vôo para se defender.

Como nunca tinha visto um pássaro de 90 quilos voar, o industrial inglês Henry Kremer deve ter achado que o seu dinheiro estaria seguro por muito tempo, quando, em 1959, ofereceu um prêmio de 5 mil libras para o primeiro ser humano que conseguisse voar por suas próprias forças. Em 1973, após muitas tentativas sérias mas fracassadas na Inglaterra, Japão, Áustria e Alemanha, o prêmio Kremer foi aumentado para o equivalente a 86 mil dólares. De acordo com as regras rigorosas da proposta, estabelecidas pela Royal Aeronautical Society da Inglaterra, o vôo vencedor teria de perfazer a figura de um oito em torno de duas torres colocadas a 0,5 milha (804 metros) uma da outra, sem jamais tocar no solo, cruzando as linhas de partida e de chegada no mínimo 3 metros acima do nível do chão. E, é claro, o piloto humano teria de fornecer a sua própria energia.
Em 23 de agosto de 1977, em Shafter, Califórnia, um jovem atlético entrou numa aeronave frágil e desajeitada chamada Gossamer Condor, amarrou seus pés num par de pedais semelhantes aos de uma bicicleta conectados a uma hélice e... conquistou o prêmio. O vôo durou sete minutos e meio.
O que o projetista Paul MacCready fez foi criar uma estrutura extraordinariamente leve com uma envergadura enorme. Para manter a asa o mais leve possível, construiu-a com Mylar [um filme de poliéster] estendido entre escoras de alumínio, reforçando a estrutu-

ra com cordas de piano e usando papelão no bordo de avanço. A aeronave toda, incluindo fuselagem e asa, pesava 32 quilos. (Aos quais devemos ainda acrescentar o peso de Bryan Allen, 61 quilos.) Allen tem cerca de 1,80 de altura e sua asa media 30 metros de comprimento por 3 de largura. Jamais a natureza concebera uma criatura voadora que sequer se aproximasse dessas proporções. Para estabelecermos uma comparação numérica, no faisão a relação entre a área da asa e a superfície do corpo é um pouco superior a 1; na garça, chega a 5; e na grande abetarda, a 13. No Gossamer Condor (incluindo o piloto), a relação chega a 90.

Em muitos aspectos, os seres humanos superaram as dificuldades da aviação há muito tempo, no vilarejo de Kitty Hawk, com os irmãos Wright. E os motores de combustão interna são ainda mais antigos. Em nossos sonhos, porém, quando alçamos vôo para escapar de algum perigo ou simplesmente para nos deleitarmos, sempre voamos como os pássaros, impelidos por nossas próprias forças. Pode parecer estranho imaginarmo-nos dotados de asas de 30 metros, mas é isso que a natureza exigiria de nós para voarmos como os pássaros.

ALUNOS E MESTRES

No outono de 1934, um ano após doutorar-se, John Archibald Wheeler viajou para Copenhague a fim de estudar com o grande físico atômico Niels Bohr. No Instituto de Física Teórica, um prédio do tamanho de uma casa em Blegdamsvej, n⁰ 15, Bohr criara uma "escola" científica na qual o estímulo diário proveniente de seminários brilhantes e idéias novas e perturbadoras podia muito bem desmantelar aqueles de raciocínio mais lento. Entre os alunos que acompanharam bem o ritmo do lugar estavam Felix Bloch, Max Delbrück, Linus Pauling e Harold Urey — todos futuros prêmios Nobel, como seu professor. Quando Wheeler chegou de bicicleta ao instituto certa manhã, notou um trabalhador arrancando as vinhas que haviam crescido e se espalhado pela fachada cinzenta de estuque. Mas, reparando melhor, percebeu que o trabalhador era o próprio Bohr, "pondo em prática mais uma vez sua maneira modesta, mas direta, de abordar um problema". Assim teve início o aprendizado de Wheeler.

Por intermédio de Wheeler, tornei-me um aluno de terceiro grau de Bohr. Eu havia me esquecido desse fato até visitar recentemente o ateliê do pintor Paul Ingbretson em Boston, que de imediato anunciou sua filiação pedagógica de R. H. Ives Gammell, ele próprio aluno de William Paxton — que, por sua vez, estudou com o pintor acadêmico Jean-Léon Gérôme. No mundo das artes, costuma-se dizer que os dias da tradição do mestre e aprendiz chegaram ao fim há dois séculos, e que o método clássico de treinamento severo e rematado perdeu-se no tempo, menos para um pequeno número de pintores. Ingbretson, com 34 anos de idade, faz parte desse seleto grupo. Ele preza a técnica, o estilo e a sabedoria recebidos de seus mestres e tenta transmitir um pouco deles para seus alunos aqui dos Fenway Studios, onde Paxton trabalhou de 1905 a 1914. O que aprendeu com Gammell e Paxton não é possível colocar em palavras. Ingbretson é um quadro vivo, repleto das pinceladas e visões de seus mestres. Em ciência, esse tipo de herança pessoal tem menos cacife, dada a idéia de que uma objetividade predeterminada supera as questões de estilo. Raramente vemos um cientista ostentando em público sua linhagem pedagógica. No entanto, sem um bom mestre, um jovem estudante de ciência pode ler todos os livros de uma prateleira que se estende até a Lua e não aprender a praticar seu ofício. Mas exatamente o que, nessa época de armazenamento e recuperação de informações em grande escala, nós não podemos aprender nos livros?

"Deixe os olhos entreabertos, deixe os olhos entreabertos", advertia Ingbretson a um de seus alunos. Com os olhos entreabertos, podemos examinar melhor o nosso tema: os detalhes menores se esvaem e restam apenas os destaques, as luzes e sombras dominantes. Os afilhados de Ingbretson, com seus cavaletes, papéis e carvões, espremiam-se em torno de um busto clássico de mármore iluminado pelas enormes janelas daquele ateliê com um pé-direito de 4,80 metros. "É tudo uma questão de aprender a ver", Ingbretson dizia. Esta frase, "aprender a ver", era uma das que Gammell mais repetia. É típica do método de pintar observando a natureza, praticado pela escola de Boston no início do século XX — uma mistura de academicismo rigoroso com impressionismo.

Wheeler, hoje com 85 anos, tinha seu próprio método de aprender a ver, que ensinou a meu professor, Kip Thorne: "Se você estiver tendo dificuldade para pensar com clareza, imagine que tenha de programar um computador para resolver o problema. Depois de automatizar mentalmente a lógica necessária, passo a passo, poderá dispensar o uso do computador". Às vezes, tentar resolver um problema por esse caminho pode nos levar a contradições inesperadas, e aqui é que as coisas começam a ficar realmente divertidas. Wheeler adorava ensinar física por meio de paradoxos, um hábito que adquiriu de

Bohr. Nas décadas de 20 e 30 — quando a mecânica quântica ainda engatinhava e os físicos iam pouco a pouco se adaptando ao estranho fato de um elétron comportar-se como uma partícula localizável, e como uma onda dispersa por muitos lugares ao mesmo tempo —, Bohr percebeu que pontos de vista diversificados e aparentemente conflitantes podem ser essenciais para entender alguns fenômenos. Nenhum estudante encontra esse tipo de reflexão nos livros. Wheeler lembra-se de que o método com que Bohr normalmente explicava as coisas parecia uma partida de tênis com um só jogador: cada bola rebatida representava alguma contradição efetiva em relação a resultados previamente obtidos, revelada por algum novo experimento ou nova teoria. Após cada rebatida, era como se Bohr corresse para o outro lado da quadra depressa o suficiente para devolver seu próprio lance. "Não há progresso sem paradoxo." A pior coisa que podia acontecer no seminário de um palestrante convidado era a ausência de surpresas — diante da qual Bohr sempre proferia as mesmas palavras aterradoras, "Isso foi muito interessante".

Eu circulava lentamente em torno de um estranho arranjo de natureza-morta em meio à bagunça do ateliê de Ingbretson — um prato de porcelana em pé, com desenhos diagonais, uma tigela, uma caixa de fósforos, algumas flores secas. Num cavalete logo adiante havia uma representação bastante fiel, executada por um dos alunos mais avançados de Ingbretson, claramente baseada na pálida natureza-morta à minha frente e, todavia, mais interessante de algum modo. Coloquei-me então no exato ângulo de visão do desenho e, de repente, os objetos sobre a mesa projetaram-se em minha direção de uma maneira maravilhosa. "Alguns artistas", disse Ingbretson, "irão arranjar e rearranjar a natureza-morta durante horas, até encontrar a disposição exata e o ângulo de visão ideal." Se olharmos da direção errada, veremos só um monte de sucata. "Às vezes, a realidade não basta. Certa vez, eu estava pintando uma natureza-morta na classe de Gammell. Havíamos, de antemão, escolhido e arranjado meticulosamente os objetos. Quando terminei, Gammell examinou o meu trabalho por alguns minutos e então disse para eu desenhar uma quinquilharia inexistente num dos cantos do quadro. E não é que ele estava certo?"

Mestrandos e doutorandos em ciência que não conseguirem se ligar a um orientador esclarecido desperdiçarão anos de sua vida andando em círculos à procura de um bom projeto. De vez em quando, recebemos o pedido de algum aluno do Terceiro Mundo que deseja realizar pesquisas no exterior. Reconhecemos de imediato a sua proficiência em matemática e percebemos que ele tem vasculhado os periódicos especializados, equação por equação. No entanto, seus professores estão isolados da corrente principal de pesquisa e o aluno não tem a menor idéia sobre em quais projetos valeria a pena trabalhar. O físico soviético Lev Landau, ganhador do prêmio Nobel, mantinha um caderno com cerca de trinta importantes problemas não resolvidos, o qual costumava mostrar aos alunos se e quando eles fossem aprovados numa bateria de testes conhecida afetuosamente como O Mínimo de Landau. Projetos importantes de pesquisa científica muitas vezes não são mais difíceis que projetos insignificantes. Os projetos que saíam do caderno de Landau tinham sua importância assegurada.

Como aluno, sempre era possível dizer quais projetos mais entusiasmavam Thorne, porque o corredor perto do seu escritório vivia apinhado com apostas emolduradas feitas entre ele e outras eminências científicas. "Kip Steven Thorne aposta com S. Chandrasekhar que os buracos negros giratórios acabarão por se revelar estáveis. K. S. T. oferece um ano de assinatura de *The Listener*. S. C. compromete-se a pagar um ano de assinatura da *Playboy*." E assim por diante. Thorne, de barbas ruivas encaracoladas, costumava sentar-se em seu escritório e preencher em silêncio páginas e páginas de equações, enquanto os alunos que passavam por ali contemplavam as apostas no corredor e se inflamavam.

Beethoven, Czerny e Liszt; Sócrates, Platão e Aristóteles; Verrocchio e Da Vinci; Pushkin e Barishnikov. Ainda estávamos no ateliê. Ingbretson caminhou até uma aluna que só conseguira traçar três duvidosas linhas ao longo da última hora e disse-lhe que começasse do zero novamente. O professor do próprio Ingbretson exigia muito de seus alunos e não se esquivava de recorrer a um pouco de humilhação para esclarecer algum ponto. Um dia, quando o jovem Ingbretson, satisfeito consigo mesmo, contemplava um quadro que pintara, Gammell, um homem calvo e enrugado, com a cabeça como a de um buldogue, medindo pouco mais de 1,50 metro de altura, pegou-o pelo dedo mindinho, arrastou-o pela sala até um canto onde havia um pouco de tinta branca, mergulhou o dedo do aluno na tinta, arrastou-o de volta à sua tela e aplicou o dedo num ponto estratégico. "Pronto", exclamou Gammell, "agora você tem o seu realce." Hans Krebs, vencedor do prêmio Nobel de medicina ou fisiologia de 1953, aluno do também prêmio Nobel Otto Warburg, aluno por sua vez de outro prêmio Nobel, Emil Fischer, escreveu que os cientistas eminentes, acima de tudo, "ensinam um alto padrão de pesquisa. Nós avaliamos tudo, incluindo nós mesmos, por comparações; na ausência de alguém com habilidades excepcionais, corremos facilmente o risco de acreditar que somos excelentes. [...] Pessoas medíocres podem parecer grandiosas a si mesmas (e a outros) se estiverem rodeadas de circunstâncias pequenas. Do mesmo modo, as pessoas se sentem diminuídas na presença de gigantes, e este é um sentimento extremamente útil. [...] Se me perguntar como aconteceu de eu vir parar em Estocolmo, não tenho a menor dúvida de que devo essa boa sorte ao fato de ter tido um mestre excepcional num momento crucial da minha carreira científica".

Réguas e pesos de linha de prumo são presenças constantes no ateliê de Ingbretson. Esses pesos ficam presos a um barbante e, quando deixados soltos sob a atração gravitacional da Terra, indicam-nos inequivocamente a vertical. Réguas e linhas de prumo são instrumentos valiosíssimos quando precisamos obter proporções e ângulos exatos. Essa antiga tradição especializada de desenho foi transmitida por Gammell, que a recebera de Paxton. Os retratos de Paxton são notáveis pela precisão, com um realismo e uma sensualidade que excedem em muito a de qualquer fotografia. A respeito de Paxton, Gammell escreveu certa vez: "Sua insuperável acuidade visual, combinada com extremo domínio técnico, permitia que transmitisse suas impressões com espantosa fidedignidade".

Uma das alunas de Ingbretson começava a ter dificuldades com os ângulos ao desenhar o busto de mármore. Suas linhas estavam saindo enviesadas, vagando sem direção. A sagrada linha de prumo não estava funcionando. "Ah-ha", exclamou Ingbretson, "o seu papel entortou!"

Desenhar bem exige um *feedback* constante entre mestre e aluno, explicou Ingbretson. Mas saber desenhar bem não é o bastante. Depois de dominar a técnica, é preciso decidir o que enfatizar numa tela. A combinação arriscada de método formal e impressão individual lembra o equilíbrio entre rigor matemático e intuição física exigido pela ciência. Thorne acredita que o pendor para esse tipo de equilíbrio foi uma das coisas cruciais que aprendeu com Wheeler. "Muitos cientistas avançam a passo de lesma por serem matemáticos demais ou por não saber raciocinar em termos físicos. E vice-versa, no caso de pessoas desleixadas para com a matemática." Consideremos, por exemplo, uma descrição quantitativa de bolas de gude rolando por uma superfície com buracos. Queremos deduzir uma equação que nos diga como o número de bolas de gude vai diminuindo ao longo do tempo. Um modo bastante útil de verificar a nossa equação consiste em atribuir ao tamanho dos buracos um valor pequeno. Isso deve produzir o resultado de não perdermos nenhuma das bolas de gude. Caso contrário, a equação estará errada. Mas essa verificação não nos ocorreria naturalmente, se não tivéssemos na cabeça uma imagem física de bolinhas rolando pelo chão e caindo, uma a uma, dentro dos buracos. Quanto à equação matemática em si, certa ou errada, não se exige mais dela do que apresentar uma miscelânea pouco esclarecedora de partes que conservam e não conservam bolinhas de gude.

Niels Bohr era um homem de constituição forte, um herói futebolístico quando jovem. Era também uma pessoa muito gentil que dizia o que tinha a dizer de maneira incisiva, mas com uma voz doce e suave. Bohr teve muitas idéias que nunca tentou patentear. Do mesmo modo, seu aluno John Wheeler, que discretamente introduziu muitas idéias produtivas na física, desempenhou uma função importante mas pouco conhecida, assessorando a empresa DuPont durante o Projeto Manhattan. Um estilo pessoal de ser pode ser herdado. Kip Thorne, aluno de Wheeler, sempre se esforçou ao máximo para dar crédito a outros cientistas. Ele começa seus seminários atribuindo a maior parte dos resultados a este ou àquele estudante. A modéstia e o seu oposto dão o tom em qualquer grupo de pesquisa.

Ghirlandajo e Michelangelo, Koussevitsky e Bernstein, Lastman e Rembrandt, Fermi e Bethe, Luria e Watson. Dos 286 agraciados com o prêmio Nobel entre 1901 e 1972, 41 por cento tiveram um mestre ou colaborador graduado que também recebera o Nobel. Muitos cientistas agraciados com o prêmio se rodearam de escolas animadas de alunos. Um grupo de aprendizes parece gerar, em massa, a velocidade necessária para a decolagem. Entre os grandes mestres recentes de física temos Thomson e Rutherford na Inglaterra, Landau e Zel'dovich na antiga União Soviética, Bohr na Dinamarca, Fermi, Oppenheimer e Alvarez nos Estados Unidos — todos membros de grandes grupos de pesquisas que produziram outros cientistas eminentes. Na Caltech, Thorne sempre insistiu em enclausurar sua meia dúzia de alunos em salas adjacentes, com a regra não-escrita de que as portas do escritório e do laboratório permanecessem abertas. Em todo grupo de pessoas criativas trabalhando juntas, alguém está sempre tremulando no limiar de uma descoberta, e as vibrações se espalham.

Numa fotografia da turma de desenho ao vivo do Boston Museum de 1913, podemos ver um Paxton de bigodes e olhar fixo, sentado em meio a dezessete de seus alunos. Na primeira fila, à esquerda, está Gammell, na época com vinte anos, vestindo sobretudo e com uma farta cabeleira. Sua expressão é grave. Os demais discípulos aparecem em pé ou sentados, alguns com ternos elegantes, outros em camisas de manga curta e avental. Alguns parecem assustados, ou talvez entediados, mas sentimos que todos se apóiam mutuamente, as mãos de uns nos ombros de outros, e sentimos que há uma certa eletricidade no ar.

A luz ia esvaecendo nas altas janelas do ateliê de Ingbretson e os alunos começavam a arrumar o material. "Você sabe, Gammell não era perfeito. Seus gestos eram forçados. Veja aquele braço." Ingbretson levanta uma ilustração num livro sobre os quadros de Gammell. "Isso não é natural. Mas levei um bom tempo até perceber. E confesso que fiquei aliviado."

Nada é mais revigorante para um aluno do que descobrir a falibilidade de seu exaltado mestre. Deus sabe o quanto os alunos estão transbordantes de suas próprias fraquezas humanas; se os seus grandes mentores são capazes de cometer erros, bem, então tudo é possível. Thorne recorda-se de que, durante o segundo ano de pós-graduação, Wheeler defendeu com veemência algumas afirmações equivocadas sobre buracos negros. Contudo, a própria percepção dos erros de Wheeler gerou um outro tipo de inspiração. Quando Wheeler esteve em Copenhague em 1934, procurou Bohr para que desse o seu parecer sobre alguns cálculos da chamada teoria da dispersão, estendendo-a de aplicações em que as partículas se movimentam lentamente para aplicações em que elas se movem quase à velocidade da luz. Bohr mostrou-se cético diante do trabalho de Wheeler e foi contra a sua publicação. Mas Bohr estava errado. Talvez, no final, a nossa própria imperfeição seja o ensinamento mais vital que os professores nos transmitem. Na inauguração da gigantesca estátua de Einstein em Washington, quinze anos atrás, Wheeler disse: "Como podemos simbolizar que a ciência busca o eterno? [...] Não com uma figura pomposa num pedestal, e sim com uma figura sobre a qual crianças possam engatinhar".

VIAGENS NO TEMPO E O CACHIMBO DO VOVÔ JOE

Quando os astrônomos apontam seus telescópios para a galáxia mais próxima, Andrômeda, eles observam-na tal como era há 2 milhões de anos. Ou seja, mais ou menos na época em que os *Australopithecus* refestelavam-se sob o sol africano. Essa simulação de viagem no tempo é possível porque a luz demora 2 milhões de anos para chegar de lá até nós. Pena que não possamos inverter as coisas e observar a Terra de algum planeta aprazível em Andrômeda.

No entanto, observar a luz de objetos distantes não é verdadeiramente viajar no tempo, não é a participação de corpo presente no passado e no futuro do Ianque de Connecticut de Mark Twain, ou do Viajante no Tempo de H. G. Wells. Desde que eu, ainda menino, comecei a ler ficção científica, sempre sonhei em viajar no tempo. As possibilidades são estarrecedoras. Poderíamos levar remédios de volta à Europa do século XIV e impedir a disseminação da Peste Negra, ou viajar para o século XXIII, quando as pessoas poderão passar as férias em estações espaciais.

Sendo eu mesmo um cientista, sei que viajar no tempo é algo bastante improvável pelas leis da física. Para começar, haveria uma violação da causalidade. Se conseguíssemos viajar para trás no tempo, poderíamos alterar um encadeamento de eventos sabendo como eles teriam se sucedido. Com isso, a causa já não precederia necessariamente o efeito. Por exemplo, poderíamos impedir nossos pais de se conhecerem. Refletir sobre as conseqüências disso é suficiente para nos deixar com uma boa dor de cabeça, e escritores de ficção científica têm se deleitado há décadas com os paradoxos que podem decorrer de uma viagem pelo tempo.

Os físicos, é claro, ficam horrorizados com a noção de violação da causalidade. As equações diferenciais sobre como as coisas deveriam se comportar sob um determinado conjunto de forças e condições iniciais deixariam de ser válidas, pois o que acontecesse num instante não mais determinaria o que acontecerá no instante seguinte. Os físicos dependem de um universo determinista no qual operar; viagens no tempo com certeza fariam com que eles, e a maioria dos outros cientistas, acabassem permanentemente desempregados.

Contudo, mesmo nos paradigmas da física existem algumas dificuldades técnicas envolvendo viajar pelo tempo — além do fato perturbador de que isso, se fosse possível, poria um fim à própria ciência. O modo como o tempo flui, tal como nós entendemos hoje, foi brilhantemente elucidado por Albert Einstein em 1905. Em primeiro lugar, Einstein derrubou sem a menor cerimônia as idéias aristotélicas e newtonianas referentes ao caráter absoluto do tempo, mostrando que a mensuração do fluxo do tempo pode variar se dois observadores estiverem em movimento relativo entre si. Um fato que, aliás, pareceria auspicioso para viajarmos no tempo.

Entretanto, Einstein também mostrou que a ordem temporal de dois eventos medidos não pode ser invertida sem que os movimentos relativos excedam a velocidade da luz. Na física moderna, a velocidade da luz, 300 mil quilômetros por segundo, é uma velocidade muito especial: trata-se da velocidade de propagação de todas as radiações eletromagnéticas no vácuo, e parece ser o limite fundamental da velocidade na natureza. Depois de incontáveis experimentos, não encontramos evidência alguma de algo que se mova mais depressa do que a luz.

Mas existe uma outra saída possível. Em 1915, Einstein ampliou a sua teoria de 1905, a Teoria Especial da Relatividade, de modo a incluir os efeitos da gravidade (esta última tem o nome imaginativo de Teoria Geral da Relatividade). Ambas as teorias sobreviveram com louvor a todos os testes e experimentos aos quais fomos capazes de submetê-las. De acordo com a Teoria Geral, a gravidade estica e retorce a geometria do espaço e do tempo, distorcendo a separação temporal e espacial dos eventos.

Ainda assim, a velocidade da luz não pode ser excedida em termos locais — isto é, em viagens curtas. Uma viagem longa, porém, poderia talvez se esgueirar por algum atalho no espaço engendrado pela deformação gravitacional. O resultado seria que um viajante poderia percorrer uma rota de um ponto a outro em menos tempo do que a luz levaria por outra rota. É mais ou menos como ir de carro de Las Vegas a San Francisco, com um desvio opcional pelo vale da Morte. Em certos casos, essas rotas tortuosas talvez possam permitir uma viagem pelo tempo — e novamente se levantaria toda a questão da violação da causalidade.

Mas há um empecilho: é impossível encontrar uma solução concreta para as equações de Einstein que permita a viagem no tempo e que também se mostre correta em outros aspectos. Todas as propostas nesse sentido exigem alguma configuração inatingível da matéria ou então incluem pelo menos um ponto duvidoso do espaço chamado "singularidade", que se situaria fora do domínio da validade da teoria. É quase como se a Relatividade Geral, ao ser empurrada para uma circunstância em que toda a física está prestes a ser eliminada, fincasse o pé e gritasse por socorro.

Mesmo assim, continuo sonhando em viajar no tempo. Existe algo de muito pessoal no tempo. Quando os primeiros relógios mecânicos foram inventados, demarcando a passagem do tempo em intervalos distintos e regulares, as pessoas devem ter ficado surpresas ao descobrirem que o tempo fluía fora e além de seus processos mentais e psicológicos. O tempo corporal segue um ritmo próprio variável, alheio aos mais precisos relógios de maser de hidrogênio dos laboratórios.

Na realidade, o corpo humano possui um relógio requintado, com seus ritmos próprios. As ondas alfa no cérebro, por exemplo. Outro relógio é o coração. Para não falarmos do incessante, implacável e misterioso tique-taque que regula o envelhecimento.

Nada evidencia melhor o fluxo externo do tempo do que os diagramas de espaço-tempo desenvolvidos por Hermann Minkowski pouco após o trabalho pioneiro de Einstein. Um diagrama de Minkowski é um gráfico com o tempo no eixo vertical e o espaço no eixo horizontal. Cada ponto no gráfico possui uma coordenada espacial e uma coordenada temporal, como longitude e latitude, só que muito mais interessante. Em vez de determinar apenas "onde" uma coisa está, o diagrama também nos diz "quando" ela está.

Num diagrama de Minkowski, toda a história da vida, passada e futura, de uma molécula ou de um homem é simplificada e resumida num segmento de linha inabalável. E tudo isso numa única folha de papel. Existe uma semelhança perturbadora entre um diagrama de Minkowski e uma árvore genealógica, em que as várias gerações, desde parentes há muito falecidos até nós mesmos e nossos filhos, avançam inexoravelmente página abaixo. Eu sinto um desejo premente de interferir nesse fluxo.

Não faz muito tempo, encontrei o cachimbo favorito de meu bisavô. Vovô Joe, como era chamado, morreu há mais de setenta anos, muito antes de eu nascer. Existem umas poucas fotografias e outras lembranças de vovô Joe. Mas eu tenho o seu cachimbo. É uma bela peça inglesa, feita de torga de belíssimos veios retos, com um fornilho sólido e uma faixa prateada na base do tubo na qual estão gravados três símbolos estranhos. Devo acrescentar que, nos bons cachimbos de torga, a madeira e o fumo estabelecem uma espécie de relação simbiótica, trocando sumos e aromas entre si, enquanto o fornilho retém um vago sabor de cada tabaco diferente que já foi fumado.

O cachimbo de vovô Joe ficara guardado em alguma gaveta durante anos, e estava em boas condições quando o encontrei. Limpei-o com uma escova para cachimbo, enchi-o com o fumo que tinha à mão e refestelei-me para ler e fumar. Passados alguns minutos, uma maravilhosa e estranha mistura de odores começou a emanar do cachimbo. Todos os tabacos que vovô Joe experimentara em alguma ocasião da sua vida, todas as diferentes ocasiões em que acendera o seu cachimbo, todos os diferentes lugares em que esteve e que eu jamais conhecerei — tudo isso havia sido armazenado naquele cachimbo e agora se espalhava pela sala. Percebi vagamente que, por um instante, algo se retorcera deliciosamente no tempo, esquivara-se para cima na página. *Existe* um tipo de viagem no tempo que podemos realizar, desde que não insistamos em como ela deve ser.

À SUA IMAGEM

Caiu em minhas mãos recentemente uma coletânea de estudos científicos sobre a busca de inteligência extraterrestre, publicada há alguns anos pela NASA. O prefácio do livro foi escrito por Theodore M. Hesburgh, reitor da Universidade de Notre Dame e teólogo católico. Hesburgh lembra-se de que um advogado, perplexo, lhe perguntou como alguém tão religioso podia legitimamente aceitar a possibilidade de outros mundos habitados no espaço. Ele respondeu: "É justo, por acreditar teologicamente que existe um ser chamado Deus, infinito em inteligência, liberdade e poder, que não posso pretender limitar o que Ele possa ou não ter feito". Escrevendo sobre a mesma questão setecentos anos antes, e falando em nome de muitos intelectuais do seu tempo, o grande teólogo e filósofo são Tomás de Aquino assumiu exatamente a posição oposta: "Este mundo é dito uno pela unidade da ordem [...] todas as coisas devem pertencer a um único mundo". Para Tomás de Aquino, que passou a vida tentando conciliar fé e razão, a onipotência e bondade de Deus seriam mais bem ilustradas por um único mundo perfeito do que por vários mundos necessariamente imperfeitos.

O reverendo Hesburgh — e tantos outros dentre nós que partilhamos a sua tese sobre a possibilidade de outros mundos — não chegou a esse ponto de vista por intermédio de alguma evidência científica. Apesar das buscas exaustivas, nenhum tipo de vida foi revelado em Marte, nenhuma comunicação extraterrestre foi detectada vinda do espaço sideral e até o momento poucos planetas foram encontrados fora do sistema solar. O que aconteceu entre a época de

Tomás de Aquino e os dias de hoje foi uma revolução no modo como concebemos a nós mesmos dentro do grande esquema das coisas. A revolução ocorreu primordialmente no século XVII. Foi parte do nascimento da ciência moderna, mas se estendeu para muito além da ciência. Foi parte dos primórdios do protestantismo e da vitória da teologia natural sobre as Escrituras, mas se estendeu para muito além da religião. Foi parte do Iluminismo francês e da Idade da Razão. A questão extraterrestre, a questão da singularidade ou não de nossas mentes no universo, penetra no âmago da nossa cultura e da nossa identidade como seres humanos.

A noção de outros mundos vem pelo menos desde os atomistas gregos e da sua concepção de um espaço preenchido por um número infinito de átomos semelhantes, todos obedientes às mesmas leis naturais. Numa tal filosofia, tudo que acontece na Terra teria se repetido por todo o cosmo. Aristóteles, porém, discordava com veemência. Segundo ele, todas as coisas seriam compostas de cinco elementos — terra, ar, fogo, água e éter — e cada elemento teria o seu "lugar natural". O lugar natural da "terra" seria o centro do universo; todas as partículas semelhantes à terra, em qualquer ponto do universo, acabariam caindo para esse lugar. O lugar natural do éter seria os céus exteriores, onde constituiria as estrelas. Água, ar e fogo ocupariam lugares intermediários. O domínio intelectual de Aristóteles ao longo dos séculos foi poderoso. Para começar, sua concepção de um cosmo centrado na Terra fazia perfeito sentido para o senso comum. A céu aberto, numa noite estrelada, é fácil acreditar que o universo gira em torno de nós e que aqueles longínquos pontos de luz são feitos de algum material não-terreno. Cada coisa em seu devido lugar. Tomás de Aquino, por sua vez, tomou para si a incumbência de conciliar o cristianismo com a filosofia aristotélica no que fosse possível.

Mas, deixando Aristóteles de lado, havia fortes motivos religiosos e emocionais para se rejeitar a possibilidade de outros mundos. Somente uma Terra é mencionada nas Escrituras, por exemplo. Mais importante, talvez, é que o próprio tom da Bíblia sugere uma relação aconchegada, pessoal, entre o homem e Deus. Deus vela por nós. Na Idade Média, a crença geral era de que o universo havia sido criado basicamente para nós e nosso usufruto. A vida em si é algo desconcertante. Quem quer vivê-la em condições dúbias, num cosmo de propósito incerto? Ninguém mostrava a menor pressa em abandonar essas coisas.

Não obstante, nem todos conseguiram casar fé e razão tão pacificamente como Tomás de Aquino. Em 1277, o bispo de Paris pronunciou que a onipotência e o poder criador de Deus seriam diminuídos se fossem limitados a um único mundo. Era um argumento poderoso em favor da existência de outros mundos (e essencialmente o mesmo usado por Hesburgh, no livro da NASA), que ressurgiria com freqüência ao longo dos tempos. Em termos teológicos, não ficava claro se uma pluralidade de mundos engrandeceria ou diminuiria a glória de Deus. Nos séculos seguintes, a possibilidade de outros mundos foi ardorosamente contestada nos círculos intelectuais.

Em 1543, um novo e crucial elemento foi acrescentado ao debate, um elemento científico. *A revolução das esferas celestes*, de Copérnico, foi publicado, anunciando que os dados astronômicos tornavam-se mais condizentes se o Sol, e não a Terra, fosse o centro do sistema solar. Copérnico não chegou a especular se os demais planetas seriam semelhantes à Terra, e muito menos se eram habitados, mas os dados estavam lançados. Essa foi a primeira de muitas contribuições da ciência para a questão da existência ou não de outros mundos. Foi também o início da ciência moderna propriamente dita. Nos 150 anos seguintes, Galileu observando por telescópio montanhas irregulares na Lua, Kepler constatando o aparecimento súbito de uma "nova" estrela no céu, onde antes não havia nenhuma, e Newton formulando a lei da gravitação universal forneceriam munição de grosso calibre em apoio à possibilidade de outros mundos.

Contudo, é difícil acreditar que esses avanços técnicos em si tenham sido a força que acabou por mudar a opinião das pessoas. O que julgo mais revelador nessa história é que muitos dos argumentos científicos desse período titubeavam em terreno incerto, muitos deles cheiravam curiosamente a antigos preconceitos e egotismo humanos, e todos eles invocavam a divindade de uma forma ou de outra. O campo de provas mais óbvio para a existência ou não de vida extraterrestre era a Lua, o astro mais à mão. Visando tornar as condições lunares mais aprazíveis, Galileu (equivocadamente) lançou a hipótese de que a periferia lisa da Lua, vista através do seu telescópio, era provocada por uma atmosfera lunar e que as manchas escuras eram oceanos lunares. O grande astrônomo alemão Johannes Kepler (equivocadamente) conclui que a forma e disposição das cavidades lunares eram indícios de uma arquitetura de criaturas inteligentes — especulações de tom similar ao das famosas "observações" de canais artificiais em Marte, feitas por Percival Lowell na virada do nosso século. Embora fosse um ardoroso defensor da existência de vida na Lua, Kepler se esforçou para apontar que, de acordo com os seus cálculos, o nosso Sol era a estrela mais brilhante (e portanto mais nobre) da Via Láctea. Talvez esse resultado errôneo possa ser mais bem entendido à luz de seus comentários em *Conversa com o mensageiro sideral de Galileu*, escrito em 1610:

> Se houver globos no céu semelhantes à nossa Terra, concorreremos com eles acerca de quem ocupa a melhor porção do universo? Pois se esses globos forem mais nobres, não seremos nós as criaturas racionais mais nobres. Mas então, como podem todas as coisas ter sido feitas para o homem? Como podemos ser os mestres da obra de Deus?

Kepler certamente não queria se comprometer. No que diz respeito a outros mundos habitados em nosso sistema solar, não havia problema; mas a nossa constituição peculiar continuava sendo a melhor e a mais brilhante. O astrônomo Thomas Wright, em *Original theory or new hypothesis of the universe* [Teoria original ou novas hipóteses para o universo] (1750), ostentou a sua autoridade de cientista em apoio à pluralidade de mundos, embora afirmasse desde o início que "a glória do Ser Divino deve, é claro, ser o principal objeto em vista", e usasse tal objeto na sua construção do cosmo. Muito mais do que apenas ciência estava em jogo no cerne dessas convicções.

Durante esse mesmo período, a própria teologia ia mudando de forma dramática, especialmente na Inglaterra. Cada vez mais, acreditava-se que Deus Se manifestava mais em Suas obras naturais do que nas Escrituras. Celebrava-se a natureza. Essa mudança de perspectiva acabou por se refletir na filosofia de Rousseau, nos poemas de Coleridge e Wordsworth sobre a natureza, e nas paisagens pintadas por Turner e Constable. E também se fez sentir na questão da existência de outros mundos. Em 1638, o clérigo protestante John Wilkins, que mais tarde se tornaria bispo anglicano, argumentou bravamente que o fato de a Bíblia não mencionar outros mundos não impedia que eles existissem. Cerca de cinqüenta anos depois, o teólogo inglês Richard Bentley levou a nova "teologia natural" às suas derradeiras implicações para o ser humano:

> Não devemos confinar e restringir, e não confinaremos nem restringiremos os desígnios de Deus na criação de todos os corpos mundanos meramente ao uso e proveito dos seres humanos. [...] Todos os corpos foram formados com vistas a mentes inteligentes; e como a Terra foi concebida primordialmente para a existência, usufruto e contemplação dos homens, por que todos os demais planetas não teriam sido criados para fins semelhantes, cada um para seus respectivos habitantes dotados de vida e entendimento?

E em *Paraíso perdido* (1667) de Milton, o arcanjo Rafael responde às perguntas cosmológicas de Adão do mesmo modo:

> [...] *Outros sóis talvez*
> *Que de outras Luas se acompanham, entreverás* [...]
> *E em cada Orbe, quiçá, algum vivente.*
> *Pois tão imenso espaço na Natureza sem*
> *Alma alguma que o povoe* [...] *dá azo*
> *A intermináveis, férvidas, disputas.*

Considerações teológicas começavam a surgir com uma roupagem diferente. Deus ainda era uma força poderosa e benigna, mas algo havia mudado por trás de todas as aparências.

Como Bentley tão bem afirmou, a humanidade estava se tornando humilde — ao menos intelectualmente. Um marco dessa nova humildade foram os *Princípios de filosofia* (1644), de Descartes, o mais abrangente estudo sobre o conhecimento desde Aristóteles e uma formidável influência sobre o pensamento moderno. Em *Princípios*, Descartes reflete sobre tudo: da natureza do pensamento em si aos cinco sentidos humanos, os movimentos de projéteis, o comportamento dos fluidos, as manchas solares, o mecanismo das marés, a natureza da mente e da alma. Embora não pareça a empresa de um homem modesto, Descartes atribui grande valor a essa qualidade como base para a reflexão. Na terceira parte de sua obra, antes de lançar-se à cosmologia, ele nos adverte a não presumirmos demais, tentando entender os propósitos de Deus. Em seguida, sugere que os propósitos divinos talvez não sejam todos em nosso benefício. Além disso, em todo o vasto e não antropocêntrico cosmo cartesiano, a natureza é regida por leis universais. A natureza é um, e um só, sistema mecânico: fluidos e manchas solares dançam conforme as mesmas regras em todas as partes do cosmo. As idéias de Descartes propagaram-se como fumaça de cachimbo pelos salões da Holanda, França, Alemanha e Inglaterra. Embora os detalhes da sua ciência logo fossem superados pelos *Principia*, de Newton, a redefinição cartesiana do lugar do homem no cosmo calou fundo e para sempre. Ao que parece, Descartes, não menos que Copérnico, estava por trás dos comentários de Bentley.

Em 1686, a filosofia de Descartes obteve o que talvez seja a sua mais erudita e difundida expressão: o clássico *Diálogos sobre a pluralidade de mundos*, de Bernard Le Bouvier de Fontenelle. Fontenelle — escritor, filósofo, secretário da Academia Francesa durante meio século, uma figura importante do Iluminismo francês — tinha um dom inigualável para explicar ciência para o público em geral. Nos *Diálogos*, ele se encontra com uma senhora bastante culta e, por várias noites, os dois mantêm uma agradável conversa. Enquanto caminham pelo parque, ele vai lhe descortinando o novo universo de Copérnico e Descartes — numa linguagem sagaz, poética e pouco técnica. Um universo em que a natureza é como um relógio, um universo que não foi concebido para a nossa conveniência. Um universo no qual planetas habitados orbitam outros sóis. Somente durante a vida de Fontenelle, os *Diálogos* mereceram 28 edições. A obra foi traduzida para o inglês no ano seguinte à sua publicação e, mais tarde, para o alemão. Outros livros populares com a mesma mensagem logo surgiram. No início do século XVIII, a possibilidade de existirem outros mundos adentrou silenciosamente a cultura ocidental.

Basta isso como uma breve história de uma idéia gigantesca. Hoje a maioria de nós tem uma concepção modesta do nosso lugar no universo, e não pensa muito nisso. Os ossos de nossos ancestrais parecem-se demais com ossos de macacos. Vimos fotografias de nosso frágil planeta tiradas da Lua. Rochas do espaço já caíram em nossos quintais.

Um dia desses, não faz muito tempo, dei uma caminhada até a casa de uma vizinha, uma sacerdotisa episcopal recém-ordenada, e perguntei-lhe o que pensava dos extraterrestres. Respondeu que os encarava com tranqüilidade. Perguntei-lhe então como reagiria se estabelecêssemos contato com algum extraterrestre no dia seguinte. Ela disse que adoraria conhecer o seu sistema de valores.

MIRAGEM

A cidade de Khashabriz está situada no Sudeste da Pérsia. Poucos habitantes já atravessaram as suas fronteiras, pois o local fica enclausurado dentro de uma outra cidade exterior, um círculo de castelos e pilastras que se erguem no horizonte como uma cordilheira de montanhas. Às vezes, aquedutos e vidraças reluzem ao longe, para logo em seguida se dissolverem. Alguns moradores chegaram a se aventurar até a fortaleza externa, só para descobrir que os castelos iam recuando à medida que avançavam, desencorajando qualquer exploração subseqüente. Diz-se que, com o tempo, todo cidadão de Khashabriz acaba se resignando ao confinamento — e conforma-se em caminhar dia após dia pelas mesmas ruas de pedras, passando pelas mesmas barracas de comida repletas de tâmaras, trigo e beterraba, respirando o mesmo ar poeirento, casando seus filhos com filhos de vizinhos. Quando caravanas ou nômades às vezes vagam até a cidade, lá permanecem para sempre.

Como Zaratustra, a cidade foi pouco a pouco encerrando-se em si mesma e aprendendo a aceitar o seu isolamento. Nenhum algodão do mundo exterior pode ser mais sedoso do que o algodão de Khashabriz, nenhuma cerâmica mais delicada, nenhum poeta tão encantador. Pois então, que motivo haveria para alguém partir?

Ao longo dos anos, várias teorias foram sendo formuladas pelos cidadãos de Khashabriz para explicar a origem daquelas torres distantes e enevoadas. Uma delas afirma que foram construídas pelos antigos fundadores como proteção contra um mundo externo que desconheciam e temiam. Segundo outra, foram erguidas como um bloqueio por artesãos estrangeiros que temiam a concorrência da prataria exótica e dos estonteantes tapetes fabricados na cidade interior. As teorias são tantas quantas são as pessoas que, nos finais de tarde, ficam conversando à toa nos terraços e nas galerias abobadadas dos bazares. Mas a respeito de um ponto existe concordância: ninguém habita a fortaleza externa — pois à noite, enquanto em Khashabriz as lâmpadas das tavernas e residências reluzem, tudo lá fora permanece escuro como o breu. Isto é, exceto durante o sono. Há muito que se constatou que, se à luz do dia as torres pairam ao longe da cidade sobre cada loja, cada casa, cada arcada, à noite elas assomam nos sonhos de todos os cidadãos de Khashabriz.

Um pequeno grupo de cientistas locais, famosos por sua isenção, propôs que os castelos circunvizinhos são apenas uma miragem, que as pessoas poderiam escapar a qualquer momento. Eles dizem que irregularidades na atmosfera fazem com que os raios de luz se curvem e o ar passe a atuar como uma espécie de lente deformada, distorcendo algumas imagens e criando outras. Efeitos semelhantes, dizem, fazem a imagem de uma colher — metade no ar, metade na água — parecer desarticulada. A maior parte de suas teorizações se dá num pequeno café, após o jantar, e ocupariam a noite inteira se suas famílias não os chamassem para dormir.

Essa teoria baseia-se num fato peculiar: se a densidade do ar diminui com a altura em relação ao nível do chão (como ocorre quando a temperatura aumenta), a luz será desviada de sua trajetória e as imagens parecerão deslocadas para cima. Um observador que tenta recriar a realidade por extrapolação dos raios de luz que atingem seus olhos, terá a impressão de estar dentro de uma grande tigela e verá a imagem do solo curvando-se para cima, como um muro longínquo. Além disso, a complexa disposição da atmosfera em camadas pode criar pequenas torres onde existe apenas planície, listras onde há apenas cinza chapado.

Poucos acreditam nessa explicação. Por que a temperatura do ar, dia após dia, haveria de aumentar com a altura? Os cientistas respondem que o terreno em torno de Khashabriz, por coincidência, é resfriado por um lago subterrâneo que se estende até o golfo de Omã — ao passo que o ar, vários metros acima, é aquecido pelo sol constante e por brisas procedentes das montanhas. Espremido entre o frio vindo de baixo e o calor vindo de cima, o ar não tem muita opção. Mas então, por que os castelos distantes parecem tremeluzir como se refletissem luz? Os cientistas respondem que o vento está constantemente agitando o ar, misturando suas várias densidades e alterando rapidamente o seu foco. Porém, há uma última pergunta diante da qual os físicos permanecem em silêncio. Por que também eles permanecem em Khashabriz se a fortaleza externa é apenas uma ilusão? Para tal pergunta eles não têm resposta. E com isso retornam às suas equações — assim como o padeiro, depois de ouvir essas estranhas idéias, retorna para a padaria.

Alguns cientistas abandonaram discretamente essa teoria impopular, impossível de provar ou refutar. Outros se tornaram filósofos, argumentando que nada existe, que tudo é miragem. Ao lado de novos discípulos, passam os dias sentados nos banhos públicos, em câmaras de águas progressivamente mais quentes, e já não sabem se seus olhos estão fechados ou abertos.

É difícil para um estrangeiro compreender a cidade de Khashabriz. Sob alguns aspectos, é uma cidade normal. Crianças correm pelos pátios azulejados atrás de cabras e carneiros, casais apaixonados agarram-se em cantos escuros, as manhãs irrompem com o chamado à oração dos *mullahs*. Na calada da noite, porém, as ruas vazias se enchem com os gemidos dos que dormem — e, ao acordarem, não conseguem olhar os outros nos olhos, como se cada um devesse dinheiro aos demais. E as torres distantes pairam ao fundo, misturadas com pedra e ar, intimidantes, mudas.

DA CISÃO DO ÁTOMO

Na primavera de 1962, minha família construiu um abrigo antinuclear no quintal. O presidente dos Estados Unidos vinha aparecendo na tela da TV, apontando seu dedo para nós e dizendo que todos deviam construir um abrigo. Alguns meses antes, o governo distribuíra 25 milhões de cópias de um folheto chamado *Fallout protection: what to know and do about nuclear attack* [Proteção contra radiação atômica: o que você deve saber e fazer a respeito de um ataque nuclear]. Na época eu tinha catorze anos e fiquei aterrorizado com a possibilidade de não chegar aos quinze. Foram meus apelos todas as noites durante o jantar, perante o silêncio pasmo de meus três irmãos mais novos, que acabaram por convencer meus pais a cavar o quintal e instalar um abrigo antibomba. Custou 3 mil dólares, exatamente o preço do "H-bomb hideaway" [esconderijo contra bomba de hidrogênio] anunciado na revista *Life* em 1955. A coisa ficou pronta justo a tempo da crise dos mísseis de Cuba.

Foi um homem de pernas curtas, que adorava caminhar, que provocou a primeira reação nuclear em cadeia artificial, em 2 de dezembro de 1942, numa quadra de squash abandonada na Universidade de Chicago. Seu nome era Enrico Fermi. Na reação em cadeia de Fermi, uma partícula subatômica chamada nêutron atinge o núcleo de um átomo de urânio, partindo-o em dois e liberando energia. Um núcleo de urânio já possui vários nêutrons e, após a cisão, alguns deles saem voando por conta própria, junto com os dois principais fragmentos da fissão. Cada um dos nêutrons assim gerados acaba atingindo outros núcleos de urânio, partindo-os ao meio, liberando mais energia e mais nêutrons — e essa atividade vai se multiplicando rapidamente, cada vez mais depressa. Os núcleos de urânio são como várias ratoeiras armadas espalhadas pelo chão, cada uma carregada de bolas de pingue-pongue que serão lançadas para o alto assim que a mola for acionada. É só jogar uma bola no meio da sala para dar início à coisa toda: logo bolas de pingue-pongue estarão zunindo por toda parte. Fermi manteve a sua reação em cadeia sob controle, retirando constantemente alguns nêutrons, assim como a liberação frenética das ratoeiras pode ser desacelerada recolhendo-se algumas bolas em pleno ar antes que caiam sobre outras ratoeiras engatilhadas. Fermi foi uma figura praticamente única na física do século XX por ser exímio tanto na teoria como na experimentação. Junto com outros, ele já concebera as reações nucleares em cadeia no início de 1939, quando a própria idéia de fissão tinha apenas alguns meses de idade.

 Antes de 1938, todos acreditavam que os núcleos atômicos permaneciam mais ou menos inteiros; apenas os núcleos de alguns poucos elementos iam se desintegrando pouco a pouco, pedacinho por pedacinho. Esses pedacinhos eram chamados coletivamente de radioatividade. Antoine-Henri Becquerel, um físico francês, foi o primeiro a descobrir a radioatividade do urânio em 1896. Logo depois, o casal Pierre e Marie Curie observou o fenômeno em outro elemento, o rádio, que ia perdendo peso lentamente, à medida que lançava de si minúsculas partículas.

 No início do século, os cientistas não sabiam em que parte do átomo a radioatividade se originava. Os próprios átomos eram tidos como esferas sólidas de carga elétrica positiva uniformemente distribuída, engastadas com partículas de carga negativa chamadas elétrons. O elétron, descoberto em 1897, era claramente uma partícula subatômica. Em si, sua existência já contradizia a antiga noção grega de que o átomo era indivisível. Mas os detalhes das entranhas do átomo permaneciam quase todos desconhecidos. Foi então que, num experimento brilhantemente simples e direto em 1911, Ernest Rutherford descobriu o núcleo atômico. Rutherford disparou partículas subatômicas contra uma chapa de ouro. Os seus projéteis eram partículas alfa, encontradas pelos Curie em seus estudos de radioatividade, cujo peso sabia-se ser aproximadamente um qüinquagésimo do peso de um átomo de ouro. Se a carga positiva de um átomo estivesse uniforme e tenuamente dispersa por todo o seu volume, como se acreditava na época, então as partículas alfa encontrariam pouca resistência quando atravessassem os átomos-alvo de ouro. No entanto, algumas partículas alfa logo foram rebatidas de volta, tendo aparentemente se deparado com algo muito concentrado. Rutherford descobrira que o átomo é basicamente espaço vazio, tendo um minúsculo centro de carga positiva em torno do qual os elétrons orbitam a distâncias enormes. O centro denso, o núcleo, contém toda a carga positiva do átomo e mais de 99,9 por cento do seu peso. É cerca de 100 mil vezes menor do que o átomo como um todo. Lord Rutherford, dono de uma voz retumbante, tinha forte predileção por experimentos simples, toscos mas eficazes — e este foi certamente um deles. Tinha também excelente faro para previsões. Seus experimentos haviam mostrado que as partículas de carga positiva do átomo, chamadas prótons, residem no núcleo central. A partir disso, ele previu, corretamente, que os prótons partilham seus aposentos nucleares com outras partículas sem carga, mais tarde designadas nêutrons.

    Um dos colaboradores de Rutherford entre 1901 e 1903 foi um homem chamado Frederick Soddy, que mais tarde receberia o prêmio Nobel de química. Os dois trabalharam juntos estudando a radioatividade. Soddy ficou impressionado com a energia imensa que emanava das profundezas do átomo. Em 1903, ele escreveu um artigo no *Times Literary Supplement* sobre a energia interna latente do átomo e, em 1906, defendeu publicamente que haveria benefícios pacíficos para a sociedade, se fosse encontrada a chave "que abrisse esse grande suprimento de energia". Soddy tinha uma perspicácia incomum. O mesmo acontecia com H. G. Wells, que se mantinha a par dos avanços científicos e prestava muita atenção às observações de homens como Soddy. Wells, porém, fazia prognósticos mais sombrios. Em 1914, ele publicou *The world set free* [O mundo libertado], um romance que não chegou a ficar muito conhecido, descrevendo uma guerra mundial na década de 50, durante a qual todas as grandes cidades do mundo eram destruídas por "bombas atômicas" do tamanho de uma bola de praia.

Sob muitos aspectos, a descoberta da fissão nuclear teve início em 1934. Esse foi o ano em que Irène Curie, filha de Marie e Pierre, e seu marido, Frédéric Joliot, descobriram a radioatividade "artificial". Até então, todas as substâncias radioativas haviam sido obtidas de minerais e minérios. Joliot e Curie descobriram que eram capazes de *criar* elementos radioativos bombardeando elementos não-radioativos com partículas alfa. Aparentemente, certos núcleos atômicos estáveis, que permaneceriam como tal para sempre, podiam se tornar instáveis, caso fossem forçados a engolir algumas partículas subatômicas adicionais. Esses núcleos atômicos alimentados à marra ficariam num estado agitado e passariam a cuspir pequenos pedacinhos de si mesmos, como acontecia na radioatividade "natural". Enrico Fermi, que na época trabalhava em Roma, logo percebeu a importância do trabalho de Joliot-Curie e decidiu verificar se, em vez de partículas alfa, nêutrons poderiam ser usados para produzir núcleos radioativos. As partículas alfa têm carga positiva e, portanto, são repelidas pela carga positiva do núcleo; no caso dos nêutrons, que não têm carga elétrica, seria muito mais fácil atingir o núcleo, raciocinou Fermi. Quando esses experimentos deram certo, Fermi bombardeou o enorme núcleo do átomo de urânio, que contém mais de duzentos nêutrons e prótons, para ver o que aconteceria. Como outros, ele automaticamente supôs que bombardear o urânio com nêutrons produziria núcleos de peso semelhante ao do urânio. Todavia, no final de 1938, os meticulosos radioquímicos Otto Hahn e Fritz Strassmann encontraram nos resquícios do urânio bombardeado um pouco de bário — um elemento cujo peso é cerca de metade do peso do urânio. Não havia bário na amostra com que trabalharam. Logo, alguns núcleos de urânio haviam aparentemente sido cortados ao meio.

Em dezembro de 1938, Hahn enviou uma carta descrevendo esses resultados curiosos para Lise Meitner, sua colega de trabalho havia trinta anos. Meitner havia sido uma física muito respeitada e querida no Kaiser Wilhelm Institute da Alemanha. Porém, como era judia, fora embora para a Suécia cinco meses antes. No Natal, seu sobrinho, o físico Otto Frisch, foi visitá-la e descreveu assim o encontro: "Lá, num pequeno hotel em Kungälv, perto de Göteborg, encontrei-a durante o café da manhã debruçada sobre uma carta de Hahn. Mostrei-me cético quanto ao seu conteúdo — que bário havia se formado a partir do urânio por meio de nêutrons —, mas ela não se deixou desalentar. Caminhamos para cima e para baixo na neve".

Durante a caminhada, Frisch e sua tia perguntaram-se como um único e lento nêutron poderia cindir ao meio um enorme núcleo de urânio. Já era mais do que sabido que os prótons e nêutrons de um núcleo atômico são mantidos coesos por intensas forças de atração — de outra forma, a repulsão elétrica dos prótons entre si faria com que saíssem voando em todas as direções. Como ligações tão fortes de atração podiam ser rompidas por um simples nêutron? Frisch e Meitner perceberam que a resposta estava numa idéia proposta pelo grande físico dinamarquês Niels Bohr. Em 1936, Bohr sugerira que as partículas de um núcleo atômico comportam-se de maneira coletiva, de maneira análoga às gotas de um líquido. Frisch e Meitner raciocinaram que, se a gota pudesse ser ligeiramente deformada, deixando de ser esférica, as forças repulsivas dos prótons talvez superassem as demais forças atrativas. A força nuclear de atração entre duas partículas nucleares diminui muito rapidamente à medida que aumenta a distância entre elas, ao passo que a força elétrica repulsiva se enfraquece muito mais devagar. Se achatarmos uma esfera de partículas, cada partícula, em média, ficará mais distante das suas vizinhas. Se achatarmos essa esfera o suficiente, as forças repulsivas passarão a dominar, cindindo-a ao meio e fazendo as duas metades se afastarem em grande velocidade. Frisch e Meitner calcularam que o núcleo de urânio é bastante frágil no que diz respeito a essas deformações e que bastaria um leve "empurrão" de um pequenino nêutron para arremessá-lo desfiladeiro abaixo, por assim dizer. De acordo com seus cálculos, a energia liberada seria enorme. Frisch voltou para Copenhague alguns dias depois e por pouco não consegue dar a notícia a Bohr, que estava embarcando no navio sueco-americano *MS Drottningholm* para Nova York. O afável cientista dinamarquês deu um tapa na cabeça e disse: "Mas que tolos nós temos sido!'". Ao descrever o processo, Frisch cunhou o termo *fissão*, por analogia com a divisão de células em biologia.

Restava a três grupos de físicos — incluindo Leo Szilard na Universidade Columbia, e Walter Zinn — demonstrar, em março de 1939, que a fissão por nêutrons de um núcleo de urânio libera vários novos nêutrons. Eles provaram que a reação em cadeia era possível, como Fermi havia conjeturado. Restava a Bohr, em Princeton, calcular que apenas uma forma rara de urânio, chamada U-235, representando cerca de 1 por cento do urânio existente na natureza, era capaz de sustentar uma reação em cadeia. Por isso é que o mundo ainda não havia se desintegrado espontaneamente. Para iniciar uma reação em cadeia, o U-235 precisava ser purificado e concentrado. Isso podia ser feito. E podia ser feito também pelos alemães. Em 2 de agosto de 1939, Albert Einstein escreveu uma carta ao presidente Roosevelt: "Senhor: alguns trabalhos recentes de E. Fermi e L. Szilard [...] levam-me a crer que o elemento urânio pode ser transformado numa nova e importante fonte de energia no futuro imediato [...] e é concebível [...] que bombas extremamente poderosas de um novo tipo possam ser assim construídas".

Poderosas, sem dúvida. Fissionar 1 grama de urânio produz cerca de 10 milhões de vezes mais energia do que obtemos queimando 1 grama de carvão e oxigênio, ou detonando 1 grama de TNT. Por que a energia nuclear é tão mais potente do que qualquer outra forma de energia conhecida até então? As explosões de TNT e a queima de carvão liberam energia química, que a humanidade vem usando de uma ou outra forma há milhares de anos. A energia química provém da redisposição dos elétrons nas regiões externas do átomo. A energia nuclear, do tipo que estamos examinando aqui, provém da redisposição dos prótons no núcleo do átomo. Como os prótons estão confinados num volume muito menor do que os elétrons, as suas "molas" elétricas encontram-se muito mais comprimidas e, portanto, são muito mais violentas quando liberadas. Grosso modo, a energia nuclear é tanto mais poderosa do que a energia química quanto o átomo é maior do que o seu núcleo. (Há uma forma ainda mais poderosa de energia nuclear que provém não da fissão de núcleos grandes, mas da fusão de núcleos pequenos.)

Como Soddy havia previsto, a energia nuclear tem, de fato, sido usada para fins pacíficos. A primeira usina atômica capaz de gerar eletricidade começou a operar em Lemont, Illinois, em 1956. Infelizmente, a energia nuclear, que a princípio prometia ser "tão barata que não valerá a pena cobrar por ela", ainda não nos deu os ares da graça em termos econômicos. Em 1984, as 82 usinas nucleares autorizadas para funcionar nos Estados Unidos forneciam apenas cerca de 13 por cento da energia elétrica total consumida e sofriam de vários problemas administrativos e de engenharia. Alguns países europeus saíram-se melhor nesse aspecto, mas carvão e petróleo continuam sendo as principais fontes de energia do século XX.

O que a energia nuclear alterou dramaticamente foi o significado da guerra. Cada nova arma, ao surgir, parece um gigantesco avanço sobre suas predecessoras — a catapulta romana, a besta da Inglaterra medieval, a artilharia com pólvora no século XIV, o TNT em 1890 — mas esses avanços foram liliputianos quando comparados ao salto das armas de energia química para as armas nucleares. Noventa e sete das 101 bombas voadoras V-1 lançadas contra Londres em 28 de agosto de 1944 foram interceptadas — um extraordinário feito defensivo. Mas se essas houvessem sido bombas nucleares, as quatro que chegaram a cair teriam aniquilado a cidade inteira — na verdade, bastaria uma. Os Estados Unidos e a ex-União Soviética hoje possuem, cada um, 20 mil bombas desse tipo, prontas para ser lançadas a qualquer momento. Na era nuclear, antigos termos de guerra como *defesa* e *vitória* deixaram subitamente de ter significado. As armas nucleares exigem que encontremos novos conceitos para guerra e paz — e para as próprias armas.

Mesmo em época de paz, as armas nucleares violaram o nosso senso de segurança. Numa pesquisa nacional com alunos americanos do segundo grau, realizada em 1980 pela Educators for Social Responsibility, 80 por cento acreditavam que haveria uma guerra nuclear dentro dos próximos vinte anos — e 90 por cento achavam que não iriam sobreviver. Como medir os efeitos psicológicos de tais expectativas?

Nos últimos tempos, vem se firmando em toda parte a noção de que a tecnologia — e a tecnologia nuclear em particular — adquiriu um ímpeto próprio que parece estar levando o mundo à destruição. De acordo com esse ponto de vista, nós, seres humanos, nos tornamos meros circunstantes que aguardam, impotentes, o seu destino. Eu, porém, acredito que a nossa aparente impotência face às armas nucleares tem mais a ver com o caráter *abstrato* do perigo, muito mais do que com a nossa incapacidade de detê-las. Após a destruição de Pompéia no ano 79, o Vesúvio explodiu outras nove vezes até que a grande erupção de 1631 aniquilasse diversos vilarejos na sua encosta e matasse 3 mil pessoas. Por que as pessoas continuaram vivendo normalmente ao lado de um vulcão ativo? Cerca de setecentas pessoas morreram no grande terremoto de San Francisco em 1906, e especialistas acreditam que um outro grande terremoto deve acontecer a qualquer momento na região. Por que as pessoas continuam construindo suas casas sobre a falha de San Andreas? Nesses exemplos, como também aconteceria numa guerra nuclear, o desastre possui um caráter de tudo ou nada e a probabilidade de a catástrofe acontecer parece ser ou pequena ou incalculável. Nós não podemos simplesmente nos afastar das armas nucleares, como seria possível no caso dos vulcões ou das falhas geológicas, mas o mecanismo psicológico talvez seja o mesmo. Desse modo, mesmo tendo outras opções, as pessoas conseguem viver em situações perigosas — isto é, desde que o perigo possa ser abstraído.

Na realidade, a descoberta da fissão nuclear deixou o mundo preso — ou "stuck", para usarmos a palavra de Freeman Dyson. Preso ao acúmulo de armas nucleares, preso a conceitos arcaicos de guerra e paz, preso à natureza humana. Se conseguirmos nos soltar, se conseguirmos nos safar dessa, talvez daqui a mil anos as pessoas se recordem da nossa época não tanto pelo fato de termos libertado as energias do átomo, mas por termos libertado a nós mesmos.

EXPECTATIVAS ESVAÍDAS

Para os cientistas, como também para os atletas, a idade mais produtiva e promissora geralmente chega cedo. Isaac Newton tinha pouco mais de vinte anos quando descobriu a lei da gravidade. Albert Einstein estava com 26 quando formulou a relatividade especial. James Clark Maxwell já havia dado os retoques finais na teoria do eletromagnetismo e se retirado para o campo aos 35. Quando eu próprio completei 35 anos, dediquei-me ao desagradável mas irresistível exercício de resumir minha carreira de físico. Com essa idade, ou no máximo em alguns anos, as realizações mais criativas já precisam estar completas e evidentes. Ou você tem tutano para a coisa e já o usou, ou não tem.

No meu caso pessoal, como acontece com a maioria de meus colegas, concluí que o trabalho que realizara até então era respeitável mas não brilhante. Pois muito bem. Infelizmente, eu precisava decidir o que fazer com o resto da minha vida. Meus amigos de 35 anos de idade que eram advogados, médicos ou empresários estavam avançando para o pico de suas carreiras, que atingiriam talvez em outros quinze anos, e permaneciam na doce inconsciência do quanto ainda iriam ascender. É uma coisa terrível, com essa idade, vislumbrar plenamente nossas limitações.

Por que os cientistas atingem o seu apogeu antes do que ocorre na maioria das profissões? Ninguém sabe ao certo. Suponho que tenha algo a ver com o seu enfoque direcionado e com o distanciamento exigido por seu objeto de trabalho. A capacidade de visualizar em seis dimensões ou de abstrair o movimento de um pêndulo torna a mente ágil, mas aparentemente pouco concerne ao restante da existência. As artes e as humanidades, por outro lado, exigem experiência de vida, experiência que vai se acumulando e se aprofundando com a idade. Em última análise, na ciência estamos tentando estabelecer um vínculo com a lógica cristalina da matemática e do mundo físico; nas humanidades, esse elo é com as pessoas. Mesmo dentro do campo científico ocorre um fenômeno bastante elucidativo. Quando passamos das ciências mais puras e mais rematadas em si mesmas para aquelas menos bem-arranjadas, as contribuições férteis vão surgindo cada vez mais tarde na vida do cientista. A idade média de eleição para a Royal Society da Inglaterra é menor em matemática. Em física, a idade média com que os recebedores do prêmio Nobel desenvolveram seus trabalhos premiados é 36; em química, 39; e assim por diante.

Outro fator são as tremendas pressões para assumirmos cargos administrativos e assessoriais, que começam a ser sentidas aos trinta e poucos anos e acabam deixando pouco tempo para o resto. Essas pressões também existem nas outras profissões, é claro, mas me parece que surgem antes numa disciplina em que o talento, comparativamente, floresce mais na juventude. Embora na ciência as questões políticas exijam um tipo especial de talento, a fonte derradeira de aprovação — e de convites para cargos de responsabilidade — são as contribuições que prestamos para a disciplina em si. Como acontece em tantas outras profissões, os cargos administrativos e políticos mais cobiçados (oferecidos em reconhecimento a realizações passadas) podem se tornar um peso insuportável e esmagar as realizações futuras. Essas mordomias podem ser delicadamente recusadas, mas talvez a tentação de aceitá-las seja maior quando não se está ativamente buscando empreender novos estudos.

Alguns de meus colegas ruminam como eu sobre essa transição; muitos nem sequer se dão conta de que ela existe; e outros assumem, despreocupados e satisfeitos, cargos administrativos e no magistério, sem olhar para trás. Participar de comissões governamentais, por exemplo, é algo que beneficia não só a comunidade profissional mas toda a nação, permitindo que os cientistas mais graduados partilhem com a sociedade os seus conhecimentos técnicos. Escrever livros didáticos pode ser gratificante e ajuda a preparar o solo para que novas idéias criem raízes. Não são poucos os que procuram se manter ativos em algum tipo de pesquisa. Uma saída predileta é ir pouco a pouco cercando-se de um amplo grupo de discípulos, alimentando esses jovens imaginativos com sabedoria e, talvez, desfrutando prazer em exercer autoridade. Cientistas carismáticos e com espírito de liderança prestam grandes contribuições desse modo. Outra tática, mais sutil, consiste em continuar segurando as rédeas sozinho, mas montar cavalos cada vez mais magros. (Isso é fácil: basta restringir o campo de atuação e continuar sendo "um dos maiores especialistas do ramo em todo o mundo".) Ou podemos simplesmente seguir em frente, pesquisando como antes, cientes ou não de que as luzes já não brilham tão forte. Aquele único cientista em cem que realmente ilumina o seu campo de atuação pode continuar por esse caminho, com bons resultados, por muito tempo além da sua idade áurea.

Para mim, nenhuma dessas alternativas oferecia uma saída agradável. Não tenho ilusões quanto às minhas realizações em ciência, mas tive meus bons momentos e sei qual é a sensação de deslindar um mistério que ninguém compreendera antes, sentado sozinho à mesa, dispondo tão-somente de um lápis, uma folha de papel e da capacidade de refletir. Esse tipo de magia não tem igual. Certo verão, eu coordenei um seminário de astrofísica. Quando me dei conta de que as pesquisas mais instigantes estavam sendo apresentadas por jovens ambiciosos de vinte e poucos anos que brandiam seus cálculos e idéias aos quatro ventos e mal e mal reconheciam a contribuição de seus predecessores, percebi que não titubearia um segundo sequer em trocar de lugar com eles. É o elemento criativo da minha profissão, não a exposição ou a administração, que me entusiasma. Nesse aspecto, estou do lado do grande matemático G. H. Hardy, que escreveu (aos 63 anos) que "a função de um matemático é fazer alguma coisa, provar novos teoremas, acrescentar algo à matemática, e não ficar falando sobre o que ele ou outros matemáticos fizeram".

Quando eu era garoto, costumava ficar deitado na cama à noite fantasiando sobre as muitas coisas que faria na vida, se iria ser isso ou aquilo — e o que tornava esses devaneios tão deliciosos era o seu potencial ilimitado, todos os anos que eu ainda tinha pela frente cintilando de maneira imprevisível diante de mim. É a perda disso que eu lamento. De certo modo, o que aconteceu é que vislumbrei a contragosto a minha própria mortalidade. As descobertas particulares de novos territórios já não são tão freqüentes agora. Ciente disso, eu poderia tornar-me útil de outras maneiras. No entanto, outros 35 anos supervisionando alunos, atuando em comitês, revisando trabalhos alheios, parecem-me gregários demais. Inevitavelmente, todos nós acabamos atingindo nosso limite pessoal, qualquer que tenha sido a profissão que escolhemos. Na ciência, isso ocorre numa idade tenra demais, quando ainda nos resta muita vida pela frente. Alguns de meus colegas mais velhos, tendo já atravessado esse período de reflexão íntima, dizem-me que com o tempo acabarei superando isso. Mas eu me pergunto como. Nenhum dos meus frágeis sonhos de infância, nem o encorajamento ambicioso de meus pais, nem a minha educação em todas as melhores escolas me prepararam para essa maturidade precoce, esse enrijecimento aos 35 anos de idade.

UMA VISITA DO SR. NEWTON

Um belo dia da semana passada, eu estava sentado em meu escritório no Centro de Astrofísica de Cambridge, jogando mais um cálculo irrelevante na lata de lixo e suplicando novas idéias às Musas, quando Isaac Newton entrou na sala. Reconheci-o imediatamente pelos retratos dos livros.

"Como o senhor encontrou este lugar?", perguntei, meio sobressaltado.

"Informaram-me que você estaria um pouco ao sul do Holiday Inn da avenida Massachusetts", respondeu, sentando-se com um ar profissional na outra cadeira da sala. "Agora me diga, o que posso fazer por você? Meu tempo é valioso. Estou dando um excelente curso de reciclagem em óptica, mas isso vai lhe sair caro."

Eu andava meio lamurioso.

"Desculpe dizer, mas os senhores é que tinham a vida fácil. Hoje em dia é muito mais difícil fazer pesquisas científicas. Para começar, toda boa idéia que já tive, alguém já teve antes. Além disso, as verbas estão cada vez mais escassas. Mal dá para comprar os equipamentos necessários. Eu pretendia adquirir um processador de texto para que a minha secretária digitasse e revisasse meus manuscritos, mas a National Science Foundation não liberou nenhum centavo. Além disso, quem tem tempo para pesquisar quando é preciso se manter atualizado com tudo isso?", reclamei, apontando para as pilhas e pilhas de periódicos especializados sobre a escrivaninha, espalhados pelo chão, no parapeito da janela. "Deve ter sido uma bênção fazer ciência quando havia menos coisas acontecendo", comentei.

"Creio que vocês estão precisando de outra Peste Negra", sugeriu Newton. "Realizei alguns dos meus melhores trabalhos em 1665 e 1666, quando a universidade estava fechada e todos estavam doentes."

Com um ar entediado, Newton começou a bisbilhotar o meu escritório. Hesitou um pouco diante de duas rãs empalhadas e laqueadas jogando dominó, uma peça que eu comprara em Acapulco, até finalmente parar diante da estante de livros. Começou a folhear um livro de cálculo e geometria analítica.

"Maldição!", exclamou. "Pensei que tinha posto um fim à lengalenga de Leibniz, mas vejo que ele ainda tem seus seguidores."

O telefone tocou. Era Gruenwald, da Universidade de Minnesota, com quem eu vinha tentando falar fazia dias.

"Este é outro problema", continuei, desligando o telefone. "Como manter-se a par de tudo o que acontece quando as pessoas nunca retornam seus telefonemas?"

Reparei que Newton estava esquadrinhando algumas equações rabiscadas num papel, quase soterradas num canto da mesa.

"O que é isso?", perguntou.

"Ah, isso. Estou investigando a radiação eletromagnética produzida por uma fina superfície quadrangular de gás em órbita hiperbólica em torno de uma estrela de nêutrons."

"Entendo", disse Newton, tirando a manga da sua toga de dentro da xícara de café. "E quais fenômenos naturais a sua investigação pretende explicar?"

"Bem, trata-se de um problema teórico, é claro. Mas meus cálculos talvez constituam um teste perfeito para o efeito Ludwick-Friebald", respondi de imediato. "Um pós-graduando de Cincinnati está extremamente interessado no resultado."

"Isso é insignificante. Nada de notável ocorreu na ciência desde os meus *Principia*?"

Newton era extremamente rigoroso, mas eu estava determinado a impressioná-lo.

"Vejamos. Darwin mostrou que as espécies evoluem pela sobrevivência dos mais aptos. Einstein descobriu que o fluxo de tempo é relativo ao observador. De Broglie, Heisenberg e Schrödinger constataram que as partículas também se comportam como ondas e podem estar em vários lugares ao mesmo tempo. Watson e Crick descobriram a estrutura das informações genéticas necessárias para a reprodução da vida. Desenvolvemos aparelhos extremamente rápidos para cálculos matemáticos, chamados computadores, que estão pouco a pouco tomando conta da sociedade. E há uns tempos os homens pousaram na Lua."

"Queijo?"

"Não, lamento. Temo que essa teoria sua em particular não se comprovou. Ah, e quase ia me esquecendo. Há não muitos anos alguns sujeitos inventaram uma máquina de moto-contínuo chamada *supply-side economics*."

Newton estava novamente com aquele ar impaciente e percebi que o tempo dessa preciosa oportunidade ia se esgotando. Tudo que eu queria eram algumas idéias profundas. Para ser franco, o efeito Ludwick-Friebald começava a me entediar. Eu adoraria aparecer na próxima reunião da American Physical Society com algumas equações novas e geniais e mostrar para eles com quantos paus se faz uma canoa.

Newton voltara a folhear meus livros — equações diferenciais, termodinâmica, mecânica quântica, teoria da radiação — e murmurava "trivial" ou "vulgar" após cada um.

"Escute aqui, senhor Newton", interrompi. "Aqui estão um bloco de papel e um lápis. Ficaria grato se o senhor pudesse escrever para mim alguns resultados originais. Algo como uma quarta lei do movimento, talvez. Ou então uma nova teoria da elasticidade."

Newton sentou-se à mesa, empurrou para o lado os últimos dez números do *Astrophysical Journal* e permaneceu em silêncio por vários minutos.

"Bem, tenho algo para você, embora deteste admitir", declarou, meio embaraçado. "O fato é que cometi um erro na Lei da Gravitação Universal. A força da gravidade varia com o inverso do cubo da distância, não o quadrado."

"O senhor está brincando."

"Não. Precisava confessar isso para alguém. Você é a primeira pessoa para quem abro o jogo."

Isso não era coisa pequena. Na realidade, era coisa tão grande que talvez eu devesse guardar segredo por uns tempos e tirar o máximo proveito da história antes de anunciar a novidade para meus colegas. Fernsworth, de Princeton, ficaria roxo de inveja. Mais cedo ou mais tarde a NASA teria que ser informada. E o Pentágono também, antes que os russos descobrissem. Pensando bem, a informação provavelmente seria classificada como sigilosa no instante em que fosse divulgada.

"Quando o senhor percebeu que cometera um erro?", perguntei, tentando me acalmar.

"A despeito dos meus melhores cálculos e por mais que eu me esforçasse para compensar, nunca consegui explicar o porquê das minhas terríveis falhas. Por fim, decidi que os próprios alicerces da coisa deviam estar errados. Fui então retrocedendo no problema até deduzir a lei do inverso do cubo. Fiquei tão envergonhado que não consegui contar para ninguém na época."

Soltei um assobio longo e grave. O negócio era ainda maior do que eu imaginara. Palmer, Nicklaus. Eles provavelmente teriam um ataque se soubessem o que eu agora sei. As implicações da lei do inverso do cubo eram estarrecedoras.

"Quero que saiba", disse Newton, "que não assumo nenhuma responsabilidade pelas conseqüências. *Hypothesis non fingo.*"

"Compreendo."

Minha mente corria a mil por hora. Muitas coisas começavam a se encaixar em seus devidos lugares. Fenômenos misteriosos que sempre me deixaram perplexo agora faziam sentido. De repente, pude explicar por que tia Bertha sempre tinha dificuldade para se levantar da cadeira à mesa de jantar. E por que as minhas calças dobradas sempre caíam da cadeira do quarto durante a noite. Quanto mais pensava a respeito, mais a lógica do inverso do cubo me parecia irrepreensível.

Newton recostara-se na cadeira, exausto. Seus olhos estavam vidrados. Comecei a simpatizar com o velho mancebo depois que ele se humilhara diante de mim. Durante a meia hora seguinte, conversamos sobre assuntos mais leves — um pouco de óptica, um pouco de cinética, um pouco de alquimia. Então ele se ergueu e, recitando alguns versos de *Paraíso perdido*, saiu do escritório.

    Já faz uma semana desde que o sr. Newton veio me visitar. Nos primeiros dias, fiquei paralisado com a informação que recebera sobre a lei do inverso do cubo. Antigravidade. Ketchup que sai da garrafa instantaneamente. Novas armas de destruição. Não conseguia dormir. Não conseguia trabalhar.

    Por fim, consegui me recompor e, com os nervos à flor da pele, entreguei-me aos cálculos. Atrapalhei-me todo na primeira equação, amassei a folha de papel, joguei-a em direção ao cesto de lixo e recomecei. Com o canto dos olhos, reparei que a bola de papel ricocheteara no quadro-negro, passara raspando pelo armário, derrubara uma das rãs de Acapulco e caíra elegantemente dentro do cesto. Curioso. A trajetória fora exatamente a prevista pela teoria da gravidade original de Newton. Descansei o lápis sobre a mesa e atirei outra bolota de papel, e depois outra, e outra. Todas confirmaram a antiga lei do inverso do quadrado. Derrubei pilhas de periódicos e cronometrei os movimentos de queda; pulei repetidas vezes da minha mesa; atirei livros a torto e a direito pela sala. Pouco a pouco, fui entrevendo a dura e crua verdade. A teoria original do sr. Newton sempre estivera certa. Acho que depois de tantos séculos Newton tornou-se um pouco senil. Bem que dizem que os físicos atingem o seu apogeu ainda relativamente jovens.

    As coisas já se acalmaram, embora o meu escritório continue uma bagunça. Depois de tirar umas férias breves, pretendo retornar ao efeito Ludwick-Friebald. Pode não ser importante, mas provavelmente está correto.

ORIGENS

Quando eu era pequeno e perguntei a meus pais de onde viera, eles me indicaram uma cópia de *The stork didn't bring you* [Não foi a cegonha que o trouxe] enfiada na biblioteca do escritório — e isso foi tudo. Embora ainda fascinado com os detalhes biológicos, acabei me tornando físico. Os físicos, que por dever profissional raciocinam nos termos mais simples possíveis, têm a sua própria versão dessa história. Deixando de lado questões relativas ao desenvolvimento do ovo e das células, à evolução das espécies etc., eles preferem se ater aos átomos do corpo. A resposta de um físico à pergunta "De onde viemos?" é uma investigação acerca da origens dos elementos químicos. E, pelo que podemos depreender, fomos todos feitos em estrelas, cerca de 5 ou 10 bilhões de anos atrás.

Toda matéria viva que conhecemos é composta basicamente de hidrogênio, carbono, oxigênio, nitrogênio, fósforo e enxofre. O carbono, por sua rica variedade de ligações químicas, é particularmente adequado à formação das moléculas complexas que permitem à vida florescer. Os átomos de todos esses elementos percorrem ciclos infindáveis na biosfera do nosso planeta, geração após geração, sorvidos do solo pelas plantas, engolidos por animais, inalados e exalados, evaporados dos oceanos e devolvidos ao solo, ar e mar. Temos intercambiado átomos com outras criaturas vivas desde que a vida surgiu.

Mas de onde vieram os átomos? Embora um tanto insossa, uma das possibilidades é que tenham sempre estado por aqui, nas proporções prescritas. Com isso, pomos um fim a tantas outras perguntas delicadas. Entretanto, são muitas as evidências científicas que sugerem cenários diferentes. Em primeiro lugar, a Terra é radioativa. Átomos de diversos elementos estão constantemente envelhecendo e transmutando-se em outros átomos mediante a ejeção e transformação dos prótons e nêutrons em seus núcleos. Por exemplo, o urânio 238, cujo núcleo possui 92 prótons e 146 nêutrons, transforma-se em tório 234 com a emissão simultânea de dois prótons e dois nêutrons. O tório, em si, é instável e se desintegra num outro elemento, e depois em outro, até que o chumbo 206 seja produzido. O chumbo, por fim, é estável e o processo de transformação chega ao fim.

Por muitos anos, químicos e físicos têm feito o censo dessas famílias atabalhoadas de átomos cheias de crianças e adolescentes barulhentos, e também membros tranquilos da terceira idade. Parece perfeitamente natural que as proporções relativas dos elementos sejam hoje diferentes do que foram no passado. Mas o que significa passado? Análises do número de átomos observados de urânio e de chumbo, por exemplo, determinaram que a Terra tem cerca de 4,5 bilhões de anos. E nossas raízes atômicas datam de muito antes disso.

O melhor indicador do que estava acontecendo tanto tempo atrás pode ser encontrado nas profundezas do espaço sideral, muito além do nosso sistema solar, muito além das 100 bilhões de estrelas da nossa galáxia, muito além das galáxias nossas vizinhas. Quando olhamos por nossos telescópios para as galáxias mais longínquas, distantes centenas de milhões de anos-luz, verificamos que elas estão se afastando de nós. O universo está e sempre esteve em estado de expansão: as galáxias afastam-se umas das outras como pontos pintados numa bexiga sendo inflada. A reprodução dessa cena de trás para diante sugere que o universo teve início há cerca de 10 bilhões de anos, numa explosão inicial que chamamos de Big Bang. Nesse ponto, até as pessoas que trabalham nisso começam a arregalar os olhos, a despeito da lógica das equações, computadores e telescópios.

O universo primordial era muito mais denso do que hoje. E era muito mais quente. (Sempre que um gás é comprimido, sua temperatura aumenta.) Quando o universo era bem mais jovem e quente, nenhum dos elementos químicos teria condições de existir — com exceção do hidrogênio, cujo núcleo é formado de um único próton. Os prótons e nêutrons que constituem todo núcleo atômico composto teriam simplesmente se evaporado sob o calor intenso. Por exemplo, os átomos de carbono e de nitrogênio teriam se desintegrado em prótons e nêutrons livres sob temperaturas superiores a 1,1 trilhão de graus Celsius. De acordo com a teoria cosmológica, assim era o universo até 1 décimo-milésimo de segundo após o Big Bang. Pelo que podemos saber, o universo primordial continha apenas um gás informe de partículas subatômicas. Átomos, estrelas, planetas e pessoas vieram depois.

Com apenas um pouco de termodinâmica introdutória, um mínimo de cosmologia e umas pitadas de física nuclear, conseguimos estabelecer que a origem dos elementos ocorreu em algum momento após a formação do universo, mas antes do surgimento da Terra. Pois então, onde e quando isso se deu?

Resultados da física nuclear indicam que, partindo de um gás quente de prótons e nêutrons livres, a síntese de átomos complexos seguiu uma espécie de árvore genealógica em que os átomos mais pesados nascem dos mais leves. Como a temperatura e a densidade do universo primordial em expansão diminuíram rapidamente, houve apenas um breve período, que se encerrou alguns poucos minutos após o Big Bang, em que as condições foram propícias para a criação dos elementos. Antes desse período, toda parceria de duas ou mais partículas se desfazia; depois dele, as partículas subatômicas não tinham mais energia suficiente ou estavam distantes demais umas das outras para que a fusão ocorresse facilmente. De acordo com cálculos teóricos, durante esse frágil intervalo de constituição de elementos só se chegou à formação do hélio 4 (dois nêutrons e dois prótons), o elemento mais leve depois do hidrogênio. A quantidade de hélio produzido prevista pela teoria, cerca de 25 por cento da massa inicial de prótons e nêutrons, concorda magnificamente com as observações atuais da abundância cósmica desse elemento. Excelente. Mas e o carbono, o oxigênio e os demais elementos?

A resposta, tal como a entendemos hoje, só começou a despontar em 1920, quando o eminente astrônomo britânico sir Arthur

Eddington propôs pela primeira vez que o Sol e demais estrelas são movidos por reações de fusão nuclear — a mesma fonte de energia que, para fins mais tenebrosos, é liberada nas bombas de hidrogênio. No centro das estrelas, as densidades e temperaturas podem ser suficientemente elevadas para que os elementos mais leves se fundam, formando outros mais pesados, muito mais que o hélio. Essas características observadas das estrelas — massa, temperatura, luminosidade — coadunam-se bem com os modelos teóricos e oferecem uma confirmação indireta da hipótese das reações nucleares. Esses são os fatos da vida, segundo físicos e matemáticos.

Uma confirmação mais direta de que as estrelas produzem elementos provém da análise dos fragmentos que são ejetados quando uma estrela explode. Em tais explosões, chamadas supernovas, as reações nucleares procedem numa rapidez espantosa; os elementos produzidos de última hora e os elementos criados durante o curso evolutivo mais lento da estrela são igualmente expelidos espaço afora, onde podemos dar uma boa examinada neles. Uma análise das cores da luz emitida por essas ejeções estelares revela uma multidão de elementos pesados — nas proporções relativas previstas pelos físicos nucleares.

As primeiras estrelas podem ter começado a se formar há muito tempo, quando o universo tinha apenas 1 milhão de anos. E, de fato, existem indícios de uma enorme disparidade na idade das estrelas. Novas estrelas estão continuamente nascendo. Estrelas relativamente jovens — como o nosso Sol — e seus sistemas planetários circundantes condensaram-se a partir de gases enriquecidos com fragmentos à deriva de estrelas ancestrais — enriquecidos, portanto, com elementos pesados.

Enquanto vamos levando a nossa vida neste pequeno planeta, não nos damos conta do vínculo que existe entre nós e esses longínquos pontos de luz. Com exceção do hidrogênio e do hélio, todos os átomos do nosso corpo ou presentes na nossa biosfera surgiram em alguma parte do espaço, nas reações nucleares de alguma estrela hoje defunta.

UM DIA EM DEZEMBRO

Pouco antes das seis da manhã do dia 6 de dezembro de 1979, uma quinta-feira, o cachorro de alguém escapou e saiu ganindo pela rua Embarcadero, em Palo Alto. O animal virou à direita na rua Waverly e, exausto e entediado, acomodou-se perto do cruzamento com a avenida Santa Rita, depois de acordar todos os que dormiam nas proximidades. Ainda estava escuro. As luzes das casas foram se acendendo uma a uma ao longo do percurso do animal. Os moradores tateavam à procura de seus roupões e se dirigiam ao banheiro. Um outro dia começava.

Às 7h30, a avenida University já ia se enchendo de universitários de bicicleta a caminho da primeira aula. No jardim de uma das grandes casas da rua Waverly, perto da University, uma mulher de pouco mais de quarenta anos, vestindo um elegante conjunto de *tweed*, gritou para o marido: "George, não se esqueça do livro de jardinagem da Betty". George, num terno de risca de giz, meneou a cabeça indicando que não esqueceria e entrou no carro, dirigindo-se para uma empresa no vale do Silício.

Algumas horas depois, em sua casa alugada em Camino a Los Cerros, Alan Guth levantou-se da cama, comeu dois ovos cozidos e despediu-se da esposa e do filho (que na véspera conseguira dizer "Papai chegou" pela primeira vez). Em sua bicicleta de dez marchas, que era mantida em perfeitas condições graças às peças e serviços da Bicicletaria Palo Alto, seguiu para sudeste pela Sharon Road, virou à direita, passou voando pelo shopping center, dobrou à esquerda na Sharon Park Drive, à direita novamente na Sand Hill

Road, e atravessou os portões do Centro do Acelerador Linear de Stanford. Seu escritório ficava no canto nordeste do terceiro andar do Laboratório Central, junto ao grupo teórico. Guth era um físico de 32 anos de idade.

Agora já eram dez e meia. Estudantes e tipos estudantis começavam a se reunir na Printer's Inc., uma livraria na avenida Califórnia, onde havia um café e musica clássica de fundo. Um homem rechonchudo trajando calças de veludo cotelê folheava *Diet for a small planet* [Dieta para um planeta pequeno], perguntando-se o que iria servir no jantar vegetariano que estava preparando.

Na rua, do lado de fora, o dia estava aprazível, mais agradável do que se poderia esperar para essa época do ano. A mulher do conjunto elegante de *tweed*, que se dirigia a uma loja de papéis de parede, decidiu voltar para casa e vestir algo mais leve. O meteorologista previra chuva. Ela apressou o passo. Seu antigo papel de parede já tinha sete anos; ela tinha que dar um jeito naquela coisa cheia de grandes quadrados bordô dentro de um trançado de faixas amarelas diagonais.

Guth começou a trabalhar tomando uma xícara de café. Seus colegas no terceiro andar mantinham uma cafeteira comunitária, cada um contribuindo com 3 dólares por mês. Por volta do meio-dia, depois de dar um telefonema ansioso para tratar de um possível emprego para o ano seguinte, Guth saiu com dois amigos para almoçar no restaurante New Leaf. Mais tarde, de volta ao escritório, redigiu algumas cartas — sempre com a sua caneta Radiograph, de linhas ousadas e requintadas — e conversou sobre monopolos magnéticos e cosmologia com um colega. Às seis da tarde, Guth voltou pedalando para casa. Cedar, Camino de Los Robles, Monterey, Manzanita, Camino a Los Cerros. Ele conhecia de cor as ruas transversais do seu percurso. Em quinze minutos estava em casa. Jantou um filé grelhado ao ponto e depois ele e sua esposa foram lavar roupa. Ele já não tinha mais cuecas para vestir.

O homem da calça de veludo superou-se a si mesmo no jantar vegetariano. Ao final da noite, exausto, acomodou-se no sofá e decidiu deixar a louça suja e as tigelas esmaltadas de suflê empilhadas na pia da cozinha. Meia hora de televisão antes de dormir haveria de recompô-lo. Clique. Um comercial de cera para assoalhos.

Do lado de fora, por sobre Palo Alto, o azul-escuro do céu ia enegrecendo. Mais acima ainda, incontáveis estrelas lancetavam silenciosamente a noite. Em algum momento entre onze e meia-noite, sentado à mesa do seu escritório, tendo uma caneta e uma folha de papel diante de si, Guth encontrou evidências matemáticas de que 10 bilhões de anos atrás, contrariando teorias anteriores, o universo primordial sofrera uma expansão fantasticamente rápida, após a qual a matéria que viria a formar os átomos, as galáxias e as pessoas passou a existir.

PROGRESSO

Ao longo desses últimos anos, amigos e colegas têm se irritado cada vez mais comigo por eu ainda não fazer parte da grande rede eletrônica mundial. Cientistas desejam enviar-me seus dados por e-mail. Secretárias de comitês distantes, forçadas a recorrerem ao telefone, me assolam atrás do meu endereço eletrônico e caem num silêncio estarrecido quando admito que não tenho um. Burocratas das universidades, esses que gostam de organizar reuniões e enviar mensagens por todo o campus ao simples toque de um botão, praguejam por terem de encaminhar pessoalmente informações para mim — ou, pior, por terem de colocar papel dentro de um envelope e enviá-lo pelo sistema de correio interdepartamental. Reconheço que sou um chato. Mas resisto a entrar na Internet por uma questão de princípio, como um último refúgio contra a investida desenfreada dessa tecnologia que avança quase às cegas para o século XXI.

Há no mínimo duzentos anos, a sociedade humana vem operando com base no pressuposto de que todos os avanços da ciência e da tecnologia constituem progresso. De acordo com esse ponto de vista, se uma nova liga metálica puder aumentar a velocidade de transmissão de dados de 10 para 20 milhões de bits por segundo, nós devemos desenvolvê-la. Se um novo automóvel tiver uma aceleração duas vezes superior à dos modelos atuais, nós devemos produzi-lo. Tudo que for tecnologicamente possível terá uma aplicação prática e tornará nossa vida melhor.

O imperativo do avanço tecnológico foi provavelmente lançado em seu curso no início da Revolução Industrial — embora a idéia já devesse ter um certo ímpeto antes. Como todos sabem, no século XVIII novas tecnologias — como o tear mecânico e a máquina a vapor — aumentaram drasticamente a eficiência da produção e proporcionaram recompensas financeiras correspondentes. Os teares mecânicos possibilitaram que os trabalhadores da indústria têxtil produzissem dez ou mais vezes que antes — e as máquinas nunca se cansam. As máquinas a vapor, capazes de gerar até cem vezes mais força por peso do que os seres humanos ou os bois, transformaram a Inglaterra num gigante industrial e econômico. Diante de tais resultados, nada mais natural do que igualar tecnologia a progresso.

Mas tal equiparação expressa muito mais do que um vínculo evidente entre tecnologia e melhoria material. O conceito de progresso foi um importante tema intelectual e cultural do século passado, alimentado não só pela Revolução Industrial, mas também pela nova teoria da evolução. Muitos cientistas e não-cientistas daquela época interpretavam a evolução biológica como um tipo de progresso, das formas inferiores para as superiores, culminando nos seres humanos. Por conseguinte, também acreditavam que as forças naturais (biológicas) e as produzidas pelo homem (tecnológicas) atuariam juntas para tornar a sociedade mais desenvolvida, mais organizada e mais moral com o tempo. O progresso era parte do nosso destino manifesto. Escritores, filósofos e estudiosos da sociedade, não menos que cientistas e engenheiros, adotaram essas idéias mais genéricas. De acordo com os ideais do Iluminismo, o progresso necessariamente implica avanços sociais e políticos — como no clássico romance de Edward Bellamy, *Looking backward* [Olhando para trás] (1888), ambientado em Boston, que descreve um sistema social e industrial ideal no futuro.

No século XX, o conceito de progresso foi se modificando, ficando cada vez mais associado à tecnologia e aos grandes sistemas tecnológicos inumanos. Na época da Feira Mundial de 1939, em Nova York, a literatura promocional da exposição futurista da General Motors ainda dizia: "Desde os primórdios da civilização, transporte e comunicação têm sido as chaves do progresso do homem, de sua prosperidade e felicidade". Num único lance, tecnologia, progresso e felicidade se uniram num sonho futurístico irresistível.

Hoje, no final do século XX, uma questão crucial com que nos deparamos é saber se, de fato, os avanços da tecnologia inevitavelmente melhoram a qualidade de vida. E, em caso negativo, temos que nos perguntar como a sociedade há de empregar alguma seletividade e restrição, tendo em conta as enormes forças capitalistas em ação. Trata-se de um problema terrivelmente difícil por vários motivos, dentre os quais a própria natureza subjetiva do progresso e da qualidade de vida. Será que progresso é mais felicidade? Maior conforto? Transportes e comunicação pessoal mais velozes? A redução do sofrimento humano? Extensão do tempo de vida? Mesmo adotando uma definição de progresso, suas medidas e requisitos tecnológicos não ficam claros. Se progresso é felicidade humana, alguém já demonstrou que as pessoas do século XX são mais felizes que as do século XIX? Se progresso é conforto, como coadunar o conforto imediato do ar condicionado com o conforto a longo prazo de um ambiente despoluído? Se progresso é uma vida mais longa, será que podemos desligar os aparelhos que mantêm vivos um paciente moribundo sofrendo dores atrozes?

Somente um tolo afirmaria que as novas tecnologias quase nunca melhoram a qualidade de vida. A luz elétrica expandiu inúmeras atividades humanas, desde a leitura até eventos esportivos noturnos. Avanços na medicina — em particular a teoria dos germes, os programas de saúde pública e o desenvolvimento de anti-sépticos eficazes — obviamente reduziram o sofrimento físico e ampliaram em muito o tempo de vida saudável do ser humano.

Contudo, também é possível argumentar que avanços na tecnologia nem sempre melhoram a vida. Mencionarei apenas de passagem problemas ambientais evidentes como o aquecimento global, a destruição da camada de ozônio e a dificuldade de eliminarmos o lixo nuclear, a fim de considerar algo mais sutil: as comunicações em alta velocidade. Em restaurantes, já vemos pessoas conversando ao telefone celular enquanto jantam. Outras só saem de férias levando seus modems, para que possam manter contato com suas empresas o tempo todo. Ou então o correio eletrônico, o exemplo com o qual comecei este ensaio. O e-mail oferece benefícios inegáveis. É mais rápido do que o correio comum, e mais barato e menos invasivo que o telefone. Pode promover o diálogo entre comunidades de pessoas em cantos opostos do mundo, ou incentivar pessoas reticentes a emitirem suas opiniões sem medo, em terminais de computadores. Mas o e-mail, na minha opinião, também contribui para o corre-corre, a desconsideração e o senso artificial de urgência que cada vez mais caracterizam o nosso mundo. O volume diário de comunicações via e-mail aumenta sem parar. Um advogado amigo meu confessou que passa metade do seu horário de trabalho examinando mensagens eletrônicas irrelevantes até chegar aos poucos e-mails que importam. Algumas mensagens são invariavelmente do tipo "Favor ignorar a minha última mensagem", sinal de que a comunicação tornou-se tão fácil e tão rápida que muitas vezes nos comunicamos sem refletir. Quando mensagens chegam até nós de maneira tão rápida e sem esforço, a tendência irresistível é respondermos imediatamente no mesmo estilo. Embora seja apenas uma intuição, desconfio que muitas más decisões vêm sendo tomadas por causa da pressa em se transmitir e responder e-mails. Mais importante, porém, é a generalizada mentalidade *fast-food* que parece estar presente nessa transmissão acelerada de idéias e reações. Estamos sufocando a nós mesmos, talvez prejudicando irrecuperavelmente nossas aptidões contemplativas. Talvez estejamos, ironicamente, até mesmo impedindo o progresso.

  O e-mail é, decerto, apenas um exemplo. Usá-lo ou abusar dele é uma opção individual. Mas o e-mail é representativo de outros avanços tecnológicos, como a engenharia genética, os plásticos descartáveis, sistemas avançados de terapia intensiva e redes de computadores. Não resta dúvida de que muitos desses avanços terão boas conseqüências. Mas a questão não é essa. O problema é que a tecnologia moderna avança sem qualquer tipo de vistoria ou controle. Com certeza, vários pensadores e escritores vêm há tempos expressando preocupação acerca de aonde a ciência e tecnologia sem rédeas podem nos levar. Mary Shelley, em *Frankenstein* (1818), estava evidentemente alarmada com os dilemas éticos da vida artificial. E também H. G. Wells, em *A ilha do dr. Moreau* (1896), em que um cirurgião maligno, o dr. Moreau, sintetiza criaturas metade homem, metade animal. Em *Walden* (1854), Thoreau escreveu: "Não andamos de trem; é o trem que anda sobre nós". Um exemplo mais recente é *Ruído branco* (1985), de Don DeLillo, cujo herói é exposto a uma nuvem de produtos industriais tóxicos, e passa a sofrer uma deterioração mental ainda mais grave porque o sistema médico computadorizado não pára de avisá-lo do seu destino. Entretanto, de um modo geral, essas vozes de advertência foram ignoradas. Não apenas por causa das formidáveis forças econômicas que impelem a voracidade da máquina tecnológica dos dias de hoje, mas também pelo fato de nós aparentemente acreditarmos — talvez em algum nível subconsciente — que a tecnologia é o nosso futuro sacrossanto.

Não sou favorável a coibirmos novos avanços na ciência pura, qualquer que seja a forma que isso possa tomar. O ato de compreender o funcionamento da natureza — e o nosso lugar nela — é, para mim, expressão do que temos de melhor e mais nobre. Quanto às aplicações da ciência, certamente não me oponho à tecnologia como um todo; aliás, eu próprio me beneficio muito dela. Mas não podemos ter avanços tecnológicos sem considerações concomitantes acerca dos valores humanos e da qualidade da vida.

Como deveriam ser então o exame e o questionamento da tecnologia? Não sei. É improvável que a regulamentação governamental seja eficiente. Nosso governo e outras grandes instituições, compreensivelmente, investiram muito para assegurar que a tecnologia continue avançando sem freios. O problema não pode ser resolvido de cima para baixo. Trata-se de um problema cultural. Talvez nós mesmos devamos nos regulamentar. Talvez cada um de nós deva refletir sobre o que é verdadeiramente importante em nossas vidas e decidir quais tecnologias aceitar e a quais resistir. É uma responsabilidade de ordem pessoal. A longo prazo, precisamos modificar nosso modo de pensar, perceber que não somos apenas uma sociedade de produção e tecnologia, mas também uma sociedade de seres humanos.

$$I = V/R$$

Senti-me um tanto embaraçado quando, recentemente, abri uma revista do ano anterior, especializada em física, e li que dois colegas japoneses haviam se dedicado ao mesmo problema no qual eu estava dando os toques finais, e obtido uma solução idêntica à minha. O problema — que afinal não era tão importante, agora que reflito com estoicismo sobre como eles se anteciparam a mim — dizia respeito à distribuição espacial que um grupo de partículas de massas diferentes alcançaria interagindo umas com as outras sob efeito da gravidade.

As teorias subjacentes necessárias à resolução desse problema — gravidade e termodinâmica — já estão bem estabelecidas. Portanto, suponho que eu não deveria ter me surpreendido ao descobrir que outros haviam chegado a resultados semelhantes. Não obstante, meu pulso disparou quando me sentei, caderno de anotações em mãos, para verificar dígito por dígito a solução encontrada por eles — absolutamente concordante com a minha até quatro casas decimais.

Depois de vários anos fazendo ciência, tem-se a inevitável sensação de que existe uma realidade objetiva fora de nós mesmos e que várias descobertas aguardam por nós já plenamente formadas, como ameixas esperando para serem colhidas. Se um cientista não colher uma determinada ameixa, outro o fará. É uma sensação estranha.

Esse aspecto objetivo da ciência é uma fonte de força; mas ao mesmo tempo não deixa de ser algo meio inumano. A própria utilidade da ciência faz com que realizações individuais acabem calibradas, lavadas a seco, padronizadas. Um resultado experimental só é considerado válido se puder ser reproduzido; uma idéia teórica só faz sentido se puder ser generalizada e traduzida em equações abstratas e incorpóreas.

O fato de muitas vezes haver vários caminhos diferentes para se chegar a um determinado resultado é indício de que esse resultado está correto, não de que há lugar para expressão individual na ciência. Além disso, ocorre na ciência uma síntese contínua, uma mistura ininterrupta de resultados e idéias sucessivas que faz com que as contribuições pessoais se dissolvam no todo. Essa força é grandiosa e reconfortante: seria muito arriscado tentar pousar um homem na Lua, se a trajetória da espaçonave dependesse do estado de humor dos astronautas, ou se a Lua estivesse sempre saindo às pressas para algum compromisso desconhecido.

Entretanto, pelos mesmos motivos, a ciência oferece pouco conforto para alguém que anseie por deixar em seu trabalho uma mensagem pessoal — seu singelo poema ou sua comovente sonata. Atribui-se a Einstein a afirmação de que mesmo que Newton ou Leibniz não tivessem existido o mundo teria o cálculo, mas que sem Beethoven jamais teríamos a *Sinfonia em dó menor.*

Um exemplo típico do desenvolvimento científico é a obra do físico alemão Georg Simon Ohm (1789-1854). Ohm não era nenhum Einstein ou Newton, mas realizou alguns bons trabalhos bem fundamentados sobre a teoria da eletricidade. Proveniente de uma família pobre, estudou ardorosamente matemática, física e filosofia com o pai. Suas importantes pesquisas foram realizadas, em sua maior parte, no período entre 1823 e 1827, quando trabalhava a contragosto como professor de segundo grau em Colônia. Felizmente, a escola tinha um laboratório de física bem equipado. Em 1820, Hans Christian Oersted havia constatado que uma corrente elétrica passando por um fio é capaz de afetar a agulha de uma bússola magnética. Essa descoberta estimulou Ohm a dedicar-se à questão. Naqueles dias, o equipamento elétrico era grosseiro e primitivo. As baterias eletroquímicas, inventadas em 1800 por Alessandro Volta e conhecidas como pilhas voltaicas, eram apetrechos sujos e desagradáveis, constituídas de dez ou mais pares de discos de prata, cobre ou zinco separados por camadas de papelão úmido. Ohm conectou um fio a cada pólo de uma pilha voltaica e suspendeu sobre um dos fios uma agulha magnética presa a uma mola de torção. Era um dispositivo rudimentar, operando segundo os princípios de Oersted, mas capaz de medir a corrente que fluía pelo fio. Ohm então completou o circuito inserindo fios de prova de diversas espessuras e comprimentos entre os dois fios condutores da bateria. Com isso, pôde medir as variações da corrente e determinar como ela dependia das propriedades, ou da "resistência", de cada fio de prova.

Esse trabalho inicial foi realizado de maneira indutiva, intuitiva, com um mínimo de instrumentos. Ohm publicou seus resultados de forma semi-empírica, ainda cheirando a laboratório. Algumas expressões quantitativas dos dados experimentais da sua primeira monografia, de 1825, estão ligeiramente incorretas. Mas isso logo seria retificado, pois Ohm era um apaixonado pelo trabalho elegante e matematizado de Jean Fourier sobre a condução de calor (tendo identificado algumas semelhanças notáveis com as correntes elétricas). Sob essa influência, Ohm reelaborou e reapresentou seus resultados em expressões matemáticas mais genéricas, que não se coadunavam totalmente com os seus dados, mas se atinham às analogias com o trabalho de Fourier — um passo criativo crucial.

Os resultados finais, afirmando em parte que a corrente é diretamente proporcional à voltagem e inversamente proporcional à resistência (e que hoje todos conhecemos como a Lei de Ohm), foram codificados numa monografia abstrata e bem-acabada publicada em 1827 — muito distante daquelas longas noites com fios embaralhados e repetidas exortações à pilha voltaica para que mantivesse a voltagem constante.

Quando James Clerk Maxwell formulou a teoria completa do eletromagnetismo em 1864, o trabalho de Ohm foi habilmente incorporado — como se fosse parte de uma tapeçaria gigante. Em 1900, Paul Drude publicou a primeira teoria microscópica da resistência em metais, oferecendo enfim uma base teórica para a Lei de Ohm. Nós hoje usamos a Lei de Ohm rotineiramente em todo projeto de circuito elétrico, para calcular a que profundidade uma onda de rádio penetrará no oceano, e assim por diante. Mas há também um pouco de Ohm na afirmação abstrata I = V/R (corrente é igual à voltagem dividida pela resistência).

Max Delbrück, o físico que se tornou biólogo, afirmou num discurso, ao receber o prêmio Nobel, que "A mensagem de um cientista não é destituída de universalidade, mas a sua universalidade é incorpórea e anônima. Se aquilo que um artista transmite está sempre ligado à sua forma original, no caso do cientista a comunicação é modificada, ampliada, mesclada com idéias e resultados alheios, fundindo-se na grande corrente de conhecimentos e idéias que constitui a nossa cultura". Se Georg Ohm houvesse sido pintor ou poeta, talvez estivéssemos celebrando hoje os vazamentos de suas pilhas voltaicas, seu galvanômetro descalibrado, o posicionamento preciso de fios e vasos de mercúrio, ou então revivendo a solidão das suas noites de solteiro, suas emoções e seus pensamentos durante os experimentos.

Parece-me que tanto a ciência como a arte tentam desesperadamente estabelecer uma conexão com algo — pois é assim que atingimos a universalidade. Na arte, esse algo são as pessoas, suas experiências, sua sensibilidade. Na ciência, é a natureza, o mundo físico, as leis físicas. Às vezes discamos o número errado e acabamos sendo desmascarados. A teoria do sistema solar de Ptolomeu, segundo a qual o Sol e os planetas revolvem em torno da Terra em ciclos e em ciclos dentro de ciclos, é imaginativa, engenhosa e até mesmo bela — mas incorreta em termos físicos. Quase incontestada durante séculos, foi implacavelmente detonada como um edifício condenado, depois que Copérnico entrou em cena.

Pois bem. Os cientistas terão de viver para sempre com o fato do seu produto ser, em última análise, impessoal. No entanto, todo cientista deseja ser compreendido como uma pessoa individualizada. Basta irmos a qualquer das numerosas conferências científicas realizadas todos os anos sobre biologia, química ou física para encontrarmos uma maravilhosa comunidade de pessoas conversando nos corredores, tagarelando alegremente diante do quadro-negro ou interrompendo aos berros as palestras alheias com observações relevantes e irrelevantes. Seria difícil argumentar que hoje essas reuniões de corpo presente sejam necessárias para a transmissão de conhecimento científico, dada a torrente asfixiante de periódicos acadêmicos e o acesso fácil e universal ao telefone.

O comparecimento frenético às conferências científicas já foi explicado como um meio de defender a territorialidade científica, uma manifestação involuntária do nosso temperamento mundano. Estou cada vez mais convencido de que tal explicação é correta. Pois é aqui, no convívio, e não nas equações — por mais corretas que possam estar —, que nós cientistas podemos expressar nossa personalidade diante dos colegas, desfrutar um sorriso apreciativo, especular sobre quanto Carl Sagan receberá de adiantamento dos direitos autorais do seu próximo livro e trocar os nomes dos restaurantes favoritos. Às vezes isso é tão gostoso quanto fazer ciência.

NADA MAIS QUE A VERDADE

No novo prefácio que escreveu para seu primeiro romance, Italo Calvino lembra-nos que os escritores moldam a realidade para adequá-la aos seus propósitos, as paisagens são refinadas, os rostos na memória são desvirtuados. A arte exige uma interpretação e um rearranjar da experiência crua da vida. Em certa medida, o mesmo é verdade na ciência. A natureza não se revela em rápidos vislumbres de verdade científica. Os resultados de experimentos costumam ser confusos e, às vezes, estão simplesmente errados. Sem uma teoria interpretativa, sem uma configuração dada pelo observador, as observações do mundo físico continuam sendo apenas fatos desconexos e sem sentido.

Não é de admirar, portanto, que a história da ciência esteja repleta de preconceitos pessoais, temas filosóficos equivocados, protagonistas deslocados. Preconceito é um palavrão em ciência, cujos corredores mofados já deveriam supostamente ter sido varridos e depurados por Copérnico e Galileu. No entanto, desconfio que todo cientista acaba se mostrando preconceituoso em um ou outro momento de suas pesquisas.

Um exemplo inesperado pode ser encontrado nos trabalhos de Lev Davidovich Landau, ganhador do prêmio Nobel de física em 1962. Dentre outras coisas, Landau prestou grandes contribuições para as teorias do ferromagnetismo, dos superfluidos e da supercondutividade, além de sugerir a lei fundamental da conservação da carga-paridade. Landau foi um dos pioneiros da escola moderna de física teórica da União Soviética; era praticamente adorado pelos colegas. Mas era também temido, em parte por causa de seu hábito de pôr às claras e destruir implacavelmente toda e qualquer afirmação sem fundamentos em discussões científicas. A placa na porta do seu escritório no Instituto Físico-Técnico Ucraniano dizia: "L. Landau. Cuidado, ele morde".

Uma dos comentários prediletos de Landau era "um disparate é sempre um disparate". Em 1932, já com vários trabalhos importantes em seu currículo, ele publicou um curioso artigo de três páginas, intitulado "Sobre a teoria das estrelas". O artigo começa com altas expectativas, acelera o passo com cálculos de extrema perspicácia e elegantemente simples, mas termina num mero disparate.

O que mais choca nesse artigo de 1932 é que Landau, sem nenhum aviso prévio e numa única sentença, descarta todo um importante ramo da física. O artigo trata de uma investigação teórica da estrutura das estrelas quando equilibram as forças gravitacionais (que agem de fora para dentro) com as forças de pressão (que agem de dentro para fora). No caso das estrelas marrons que Landau estava considerando, as forças de pressão externa são determinadas pela mecânica quântica — a teoria da matéria em nível atômico. Em 1932, as leis da mecânica quântica já estavam firmemente estabelecidas — junto com a relatividade de Einstein, constituem os alicerces da física moderna. Para o desalento de Landau, seus cálculos previram que as estrelas marrons não podem senão entrar em colapso quando sua massa for um pouco maior que a do Sol. Ou seja, em estrelas frias de massa suficiente, nenhuma pressão interna seria suficiente para compensar a força de fora para dentro da gravidade, provocando assim uma contração brutal do astro: uma esfera de até 2 milhões de quilômetros de diâmetro seria reduzida a um simples ponto. Landau então escreve: "Como na realidade tais massas existem pacatamente como estrelas e não demonstram nenhuma dessas ridículas tendências, devemos concluir que [...] as leis da mecânica quântica são violadas". (Sir Arthur Eddington fez um comentário quase idêntico num encontro da Royal Astronomical Society, em 1935, ao examinar os cálculos de S. Chandrasekhar — que chegara independentemente às mesmas conclusões acerca das estrelas frias.)

Landau não deu a menor justificativa ao fazer tal afirmação. O que não deixa de ser enigmático para um cientista tão meticuloso. Os astrônomos haviam, de fato, observado estrelas de massa gigantesca evitando serenamente entrarem em colapso, mas essas não eram as estrelas marrons e frias dos cálculos de Landau. Na verdade, estrelas frias e quentes são facilmente distintas por suas cores. Nessa sua referência equivocada às estrelas observadas, podemos discernir um espelho voltado não para fora, para a realidade externa, mas para dentro. Ao que parece, Landau julgou tão despropositado o seu resultado teórico (que, na verdade, foi uma das primeiras previsões dos buracos negros), tão antagônico ao senso comum, que se dispôs a abandonar a celebrada teoria que o produzira — na mesma prosa concisa que em geral acompanhava logicamente seus cálculos.

O artigo de Landau não foi o primeiro exemplo de preconceito pessoal na ciência, nem será o último. Em 1917, de maneira completamente *ad hoc*, Einstein modificou a sua teoria da gravidade de 1915 porque ela previa um universo dinâmico, um cosmo em perpétuo movimento de expansão ou contração. Assim como a noite segue o dia, desde Aristóteles a natureza estática e a permanência do universo eram aceitas sem questionamento pelo pensamento ocidental. Decerto não havia nenhuma evidência observada que indicasse o contrário. Einstein sucumbiu a essa predisposição intelectual. Embora suas equações originais fossem isentas de paixão, ele não era. Einstein percebeu o engano em 1929, quando o astrônomo Edwin Hubble observou galáxias distantes pelo telescópio e verificou que o universo de fato está se expandindo.

Landau e Einstein podem ser perdoados por depositarem tanta confiança em sua intuição física. Para um teórico na prancheta, lembranças da realidade física constituem um instrumento valioso — uma distinção importante entre ciência e matemática. Quando resultados totalmente estranhos e inesperados como buracos negros e universos em expansão emergem das equações, até os mais intrépidos intelectos às vezes titubeiam.

No caso das observações científicas, os preconceitos pessoais podem assumir uma forma mais sutil. Em 1969, Joseph Weber, da Universidade de Maryland, relatou ter encontrado evidências positivas da primeira detecção de radiação gravitacional — a prima fraca da radiação eletromagnética havia muito prevista pela teoria. Na década seguinte, outros cientistas repetiram os experimentos de Weber com equipamentos mais sensíveis, mas só obtiveram resultados negativos.

Em 1975, P. Buford Price, da Universidade da Califórnia, em Berkeley, e seus colaboradores anunciaram que haviam detectado indícios dos monopolos magnéticos. Os monopolos magnéticos, se existirem, seriam uma versão magnética de partículas dotadas de carga elétrica — como os elétrons — e colocariam a eletricidade e o magnetismo em pé de igualdade. Muitos físicos têm de longa data se mostrado intrigados com a aparente ausência dos monopolos magnéticos. Desde 1931 existe uma teoria sobre a existência dessas partículas. Mas é quase certo que Price interpretou equivocadamente os dados obtidos, como mostraram análises posteriores realizadas por outros cientistas. Tanto Weber como Price estavam obstinadamente à espreita da sua presa. Em ciência, como em outras atividades, sempre há uma tendência a encontrar aquilo que se procura.

Mas isso não deveria surpreender. Após um dia de trabalho no laboratório, em meio a instrumentos que zunem ou equações silenciosas, os cientistas têm de retornar ao mundo dos homens e mulheres. Vá a uma conferência de cientistas e preste atenção quando alguém estiver apresentando os resultados de suas pesquisas. Se esse cientista dedicou-se por inteiro a um projeto, você ouvirá muito mais do que um simples resumo de dados e procedimentos. Existe uma grande probabilidade de você se deparar com um comentador animado, um ardoroso defensor de um ponto de vista, um homem ou uma mulher tentando entender o sentido das coisas à sua maneira. Como Bacon observou astutamente, "O entendimento humano não é uma luz estéril, mas recebe uma infusão da vontade e dos afetos; daí procedem as ciências que poderiam ser chamadas de 'ciências como as intentamos'. Pois o que um homem gostaria que fosse verdade, nisso ele acredita com mais facilidade".

Por sorte, o método científico, esse lendário código de distanciamento e objetividade, não se atém às ações dos cientistas individualmente. Pelo contrário, sua força deriva de uma profusão de cientistas, de experimentos repetidos para confirmar ou negar, de teorias consideradas e reconsideradas pelos céticos. Os cientistas podem defender suas próprias idéias com exagerada e até inoportuna dedicação, mas eles adoram encontrar falhas no trabalho de colegas. E a maioria dos preconceitos pessoais sucumbe diante de tão furiosa investida de advogados do diabo.

Existe uma outra fonte de hipóteses descomedidas à qual a ciência, mesmo enquanto empreendimento coletivo, não está imune. Refiro-me à grande distância entre teoria e experimento existente em algumas áreas, o que deixa partes de teorias a esmo, sem eira nem beira, difíceis de ser abordadas. A teoria da gravidade de Einstein foi bem testada no sistema solar; no entanto, ela também faz previsões cruciais sobre buracos negros, onde a gravidade é 1 milhão de vezes mais forte que no Sol. A controvérsia em biologia entre mudanças graduais ou catastróficas na evolução das espécies ainda não cessou, em parte pela dificuldade de se obter uma comprovação decisiva nos fósseis. Teorias científicas sustentam-se ou desmoronam por suas próprias previsões. Quando as previsões ultrapassam a nossa capacidade de pô-las à prova, estamos entrando em território perigoso. A minha própria previsão é de que isso continuará sendo um problema com o qual teremos de conviver. Mesmo em ciência, nossas mentes podem ascender a alturas que os corpos são incapazes de atingir.

Há alguns anos, numa cerimônia de colação de grau, ouvi o discurso de Richard Feynman, ganhador do prêmio Nobel que trabalhara em alguns dos mesmos problemas que Landau. Era uma manhã quente de junho. Os futuros cientistas estavam sentados em cadeiras de dobrar armadas sobre o gramado, suando em bicas debaixo de suas batas pretas. Mas ninguém se dava conta do calor. Centenas de rostos jovens estavam grudados no palanque, de onde Feynman dava conselhos. Ele disse que quando realizamos pesquisas científicas, quando publicamos nossos resultados, devemos tentar pensar em todas as possibilidades de estarmos errados. Suas palavras pairaram no ar denso, misturando-se com as muitas ambições e crenças lá reunidas. Foi uma recomendação difícil de digerir.

TEMPO PARA AS ESTRELAS

Mais de uma vez na última década, vi-me envolvido em discussões acaloradas sobre as verbas gigantescas destinadas à defesa militar no espaço. Somas vultosas foram subitamente oferecidas à comunidade científica. Devemos aceitar? Para mim, além de considerações éticas e práticas, a questão também suscita a polêmica da ciência aplicada *versus* ciência pura.

Temo que os Estados Unidos estejam se tornando cada vez mais míopes no que tange ao valor da ciência pura. Um exemplo recente foi o desmembramento da AT&T, a American Telegraph and Telephone, determinado pela justiça, deixando o grupo de pesquisa básica da instituição, os Bell Laboratories, em situação vulnerável. Outro exemplo foi o veto do Congresso a uma missão exploratória relativamente barata do cometa Halley, que só vem visitar o sistema solar uma vez na vida, outra na morte. Poucas pessoas negariam os confortos materiais, os benefícios econômicos e o poder de declarar guerra ou proclamar paz que a ciência aplicada nos concede. Mas ao nos atermos a essas metas, estamos dedicando cada vez menos atenção ao valor da ciência em si.

A índole pragmática dos americanos pode ser atribuída às origens culturais e políticas dos Estados Unidos. Na Europa, a ciência sempre foi tradicionalmente considerada uma parte da cultura; alguém pode dedicar sua vida à ciência sem deixar de ser um *gentleman* ou um erudito. Isaac Newton, como *fellow* [membro do conselho] da Universidade de Cambridge, não precisava de justificativas para dedicar-se ao estudo da física. Carl Friedrich Gauss, que fez contribuições brilhantes para a matemática e a astronomia no início do século XIX, sustentava-se graças ao patronato do duque de Brunswick. Por outro lado, quando a ciência começou a desenvolver-se nos Estados Unidos, por volta de 1850, os ideais democráticos de nosso jovem país exigiram uma prestação de contas mais direta à população, benefícios palpáveis para a sociedade. Como regra geral, uma pesquisa científica só receberia apoio se fosse parte de uma empresa de natureza prática ou técnica, como o Serviço Meteorológico dos Estados Unidos (fundado em 1870), o Geological Survey (fundado em 1879) ou o Departamento Nacional de Pesos e Medidas (fundado em 1901). Pouco a pouco, a nação começou a sentir orgulho dos avanços tecnológicos e a identificar-se com eles (embora, por definição, tais avanços excluam a ciência pura). O herói científico americano é Thomas Edison, não Willard Gibbs, que fez contribuições fundamentais para a teoria do calor. Durante a Primeira Guerra Mundial, até mesmo o grande físico Robert Millikan afirmou que "se os homens de ciência quiserem ser úteis para o nosso país, é agora ou nunca". E, é claro, desde a Segunda Guerra, tornou-se certo e evidente aos Estados Unidos e a todos os outros países que o poderio militar pode ser obtido através da ciência.

Além disso, a partir da Segunda Guerra a ciência tornou-se um grande negócio. Em muitas áreas, aqueles dias românticos em que um cientista solitário descobria os segredos da natureza com equipamento caseiro já não existem mais. Hoje os experimentos costumam exigir grandes equipes de cientistas, orçamentos elevados e grandes burocracias para gerenciá-los. Algumas dessas operações nem sequer poderiam ser montadas, se não fosse a existência do chamado complexo militar-industrial. E o próprio ritmo da sociedade acelerou-se: sob pressão constante, buscamos primordialmente os retornos de curto prazo.

Por que os Estados Unidos, ou qualquer outro país, deveriam prover o sustento da ciência pura? Por que deve uma nação pagar por uma atividade que não traz nenhuma vantagem clara em termos econômicos ou militares? Por que algum país haveria de amparar uma atividade que parece *inútil*?

Parece-me que a ciência pura possui vários valores diferentes. Por ordem crescente da sua ascendência sobre o futuro, a ciência pura nos entretém, prepara o terreno a partir do qual a tecnologia poderá se desenvolver, modifica a nossa visão de mundo e concede-nos imortalidade cultural.

Num plano mais imediato e cotidiano, aprender coisas novas nos faz felizes — e não resta dúvida de que aprendemos muito graças à ciência pura. Além disso, aquilo que aprendemos é "verdadeiro", concerne ao mundo real e pode ser compreendido em termos gerais por qualquer pessoa inteligente. Do mesmo modo como é prazeroso assistir a uma nova peça de Neil Simon ou ler um novo livro de Gabriel García Márquez, não é preciso ser cientista para sentir prazer em saber do que um cometa é feito, por exemplo. Todos nós somos consumidores em potencial de ciência pura. Se a ciência pura não puder financiar-se no próprio mercado, como acontece com os filmes e os livros, talvez seja porque seus prazeres estejam no conhecimento. Ora, mas o conhecimento produz um tipo especial de felicidade, e a felicidade do povo de um país tem um valor que não pode ser descartado.

A ciência pura pode parecer inútil no sentido usual mas, no decorrer de um longo período de tempo, ela certamente produz benefícios econômicos e tecnológicos. Se deixarmos de financiar a ciência pura hoje, não haverá ciência aplicada amanhã. O trabalho de Darwin sobre evolução e o de Mendel sobre a hereditariedade das plantas lançaram os alicerces da genética — que acabou levando à descoberta do DNA, que por sua vez levou à engenharia genética, hoje prenhe de aplicações inimagináveis. Faraday, ao descobrir como um ímã produz eletricidade, tornou possível a primeira usina hidrelétrica de geração de energia cinqüenta anos depois. Todavia, nem Darwin nem Mendel nem Faraday se mantiveram com tais lucros em mente — nem isso seria possível. Uma nação não pode apostar em cientistas puros como se aposta em cavalos. Pode, entretanto, construir estábulos. Lembro-me de um romance de Robert Heinlein sobre um órgão de pesquisa chamado The Long Range Foundation [Fundação do Futuro a Longo Prazo], criado como uma instituição não-lucrativa dedicada às gerações futuras. Seu brasão trazia a inscrição "Bread upon the waters"* e orgulhava-se de financiar exclusivamente projetos científicos cujos possíveis resultados só seriam auferidos no mínimo dois séculos depois. Não se incomodava em desperdiçar dinheiro. Infelizmente, seus diretores não eram muito competentes e os projetos mais extravagantes da fundação logo começaram a apresentar lucros embaraçosamente altos.

O terceiro valor que mencionei é a capacidade de modificar nossa visão de mundo. Essa qualidade tende a ser bastante sutil, mas é impossível superestimar sua importância. Creio que Henry Adams compreendeu bem o valor da ciência pura quando escreveu, no início deste século, que a descoberta da radioatividade por Marie Curie tornou subitamente conhecido o desconhecido. Desde a Antiguidade, o homem ocidental venerava essa derradeira unidade material chamada átomo — indestrutível, impenetrável, refinadamente insondável. Mas então, no final do século passado, madame Curie descobriu que os átomos de rádio emitiam pedacinhos de si mesmos, e nossa visão da natureza nunca mais voltaria a ser a mesma.

Talvez seja útil dar alguns exemplos mais detalhados. Irei buscá-los na astronomia, certamente a ciência mais inútil que há, e também em minha profissão. Na verdade, a astronomia já foi outrora eminentemente prática. As primeiras civilizações dependiam dela para demarcar as estações, estabelecer as épocas de plantio e ajudar na navegação. Com o tempo, porém, ela foi avançando até chegar à sua condição atual.

Como primeiro exemplo, consideremos a descoberta feita por Kepler, de que as órbitas dos planetas são elípticas. Antes dele, houve durante séculos uma concordância universal de que as órbitas dos corpos celestes eram circulares. Em deferência a Aristóteles, cuja opinião sobre tantas coisas moldou a visão de mundo do Ocidente, o círculo era tido como a figura natural dos movimentos celestes por causa da sua singularidade e perfeição. Somente órbitas circulares eram adequadas para os planetas divinos e eternos. Na realidade, Aristóteles organizara o cosmo inteiro como uma seqüên-

(*) "Pão sobre as águas." Pão, obviamente, no sentido de sustento, e água no sentido da valorização dos ativos de uma empresa além do seu valor real. (N. T.)

cia de esferas em rotação tendo a Terra ao centro. Uma vez designado assim, o círculo demonstrou um extraordinário poder de permanência. Mais tarde, quando as pessoas perceberam que a luminosidade dos planetas variava ao longo de suas órbitas — e, portanto, que suas distâncias da Terra também variavam —, os astrônomos inventaram um complexo sistema de círculos dentro de círculos, segundo o qual cada planeta percorreria uma pequena órbita circular em torno de um ponto imaginário que, por sua vez, realizaria uma grande órbita circular em torno da Terra. Até mesmo Copérnico, que destruiu a idéia de um cosmo centrado na Terra, ateve-se à noção de órbitas circulares.

Kepler teve a sorte de ser aluno de Tycho Brahe, um abastado astrônomo holandês que passava noite após noite observando os planetas de sua ilha particular. Seus cálculos das posições planetárias, feitos a olho nu, foram os mais precisos até então. E Kepler herdou essa mina de ouro de dados por volta de 1600. Seu trabalho foi dar sentido a esse grande volume de informações. Além de ter um bom material com o qual trabalhar, Kepler deveu seu sucesso a dois outros fatores: ele era um copernicano dedicado e acreditava no ideal platônico de leis naturais matematicamente simples. Mas quais seriam as leis que regem os movimentos dos planetas? Qual seria o formato de suas órbitas? Kepler estudou incontáveis órbitas preliminares de círculos sobre círculos, até que se viu forçado a admitir que elas simplesmente não se coadunavam com as observações de Brahe. Foi quando descobriu as elipses. (Todo artista conhece a elipse; é um círculo escorçado.) Uma elipse para cada órbita planetária era também muito mais simples do que dois círculos. O círculo sagrado fora suplantado pela exata e econômica elipse.

O êxito de Kepler deu um forte impulso ao sistema copernicano, no qual a Terra é apenas mais um planeta orbitando o Sol. Nós sabemos que Newton, em seus tempos de aluno, estudou Kepler. Quando submeteu o seu incomparável *Principia* à Royal Society de Londres, a obra foi apresentada como uma demonstração matemática da hipótese copernicana, conforme proposta por Kepler. *Principia*, por sua vez, trazendo leis do movimento e da gravidade e a aplicação infatigável dessas leis a pêndulos e planetas, forneceu um sólido alicerce científico para Descartes conceber a sua visão do universo como um gigantesco relógio mecânico. Depois de Kepler, Galileu e Newton, a natureza tornara-se racional.

Meu segundo exemplo de como a ciência pura modifica a nossa visão de mundo é a descoberta relativamente recente de que o universo está em expansão. As galáxias estão se afastando umas das outras. Quando mentalmente fazemos esse movimento observado retroceder no tempo, as galáxias vão se aproximando cada vez mais umas das outras — estrelas, planetas e até átomos vão sendo espremidos e acabam se rompendo, até que, cerca de 10 bilhões de anos atrás segundo as melhores estimativas, todo o conteúdo do universo hoje visível estava comprimido num espaço menor do que um átomo. Assim foi o princípio do universo. Nós o chamamos de Big Bang.

Praticamente todas as culturas da história registrada tiveram seus mitos sobre a origem do universo e o momento dessa origem. Muitos já acreditaram que não houve origem nenhuma. Aristóteles, por exemplo, apresentou inúmeros argumentos filosóficos para explicar por que o universo tinha de ser imutável e eterno. Um de seus argumentos dizia mais ou menos o seguinte: se o universo teve um começo em algum momento finito do passado, então teria de ter havido um tempo infinito anterior durante o qual o universo não existia, embora tivesse o potencial de existir. Todavia, esse universo inexistente não poderia ter permanecido dormente por um tempo infinito em estado de pura potencialidade. Portanto, o universo sempre existiu nesse estado atual de equanimidade perfeita. Isaac Newton chegou a uma conclusão semelhante por um caminho mais científico (mas ainda equivocado). Ele argumentou que, se o universo estivesse se expandindo ou contraindo, teria de haver um centro em torno do qual tais movimentos se processariam. Num espaço infinito, porém, nenhuma posição pode ser assim privilegiada. Logo, o universo não poderia senão estar em repouso perpétuo.

A descoberta do que efetivamente se passa com o universo ocorreu na década de 20. Usando um possante telescópio e vários outros instrumentos, o astrônomo Edwin Hubble conseguiu determinar que as outras galáxias estão se afastando da nossa a velocidades proporcionais às suas distâncias de nós. As galáxias mais próximas afastam-se mais devagar que as mais longínquas. É exatamente a mesma situação de pontinhos pretos pintados na superfície de um balão de gás que vai sendo inflado. Do ponto de vista de cada pontinho preto, representando uma galáxia, parece que os demais pontos estão se afastando radialmente com velocidades proporcionais às suas distâncias. A visão é a mesma de qualquer ponto da bexiga, e nenhum ponto é o centro. Este foi o erro de Newton. Ele não percebeu que a expansão poderia ocorrer a partir de *todos* os pontos do espaço. Simplesmente não tinha a imagem correta na mente. E também não tinha muito equipamento. Acredito que se Newton vivesse hoje, ou Aristóteles, ou Moisés Maimônides, ou Francis Bacon, eles haveriam de assistir em silêncio respeitoso a uma palestra sobre a origem e a movimentação do universo.

Ainda é cedo demais para sabermos as conseqüências da descoberta de que o universo está se expandindo. Mas não resta dúvida de que a nossa visão de mundo já mudou. Um sinal disso é que Einstein a princípio insistiu num universo estático — mesmo quando as suas próprias equações cosmológicas previam um universo em movimento. Por vários séculos antes de Hubble, a majestosa serenidade dos céus simbolizou o eterno e o imutável. Hoje esse símbolo tranqüilizador já não existe mais.

Poderia citar várias outras descobertas que ainda são recentes demais para ser avaliadas. Quais serão as conseqüências de descobrirmos que o tempo flui num ritmo variável, dependendo do movimento do relógio? Ou que o plano genético de todas as formas de vida na Terra provém das mesmas quatro moléculas? Eu não saberia dizer, mas estou certo de que essas descobertas já começaram a permear nossa cultura e a alterar nossa maneira de pensar.

As descobertas da ciência pura não dizem respeito apenas à natureza. Também se referem às pessoas. Depois de Copérnico, adotamos uma postura mais humilde em relação ao nosso lugar no cosmo. Depois de Darwin, aprendemos a reconhecer novos parentes em nossa árvore genealógica. Nós precisamos ser periodicamente sacudidos, precisamos de vez em quando nos libertar do ciclo infindável de gerações que se sucedem indistintamente, de uma vida após a outra. Permanecemos presos há alguns séculos, e hoje denominamos aquela época de Idade das Trevas. Mudar a nossa visão de mundo ajuda a nos libertar.

Chego agora à imortalidade cultural — que, é claro, transcende as nações individuais. Para citar Thoreau:

> Ao acumularmos propriedades para nós mesmos e nossa posteridade, ao fundarmos uma família ou um Estado, ou mesmo ao adquirirmos fama, permanecemos mortais; mas ao tratarmos da verdade, tornamo-nos imortais, e já não precisamos mais temer mudanças nem acidentes.

A ciência pura trata da verdade, e não há maior dom que possamos transmitir a nossos descendentes. A verdade nunca sai de moda. Daqui a centenas de anos, quando acharmos os automóveis maçantes, ainda assim prezaremos as descobertas de Kepler e Einstein, juntamente com as peças de Shakespeare e as sinfonias de Beethoven. A civilização da Grécia antiga desapareceu há muito, mas não o teorema de Pitágoras.

Há alguns anos, estive em Font-de-Gaume, uma caverna préhistórica da França cujas paredes internas são adornadas com pinturas da época do homem de Cro-Magnon feitas 15 mil anos atrás — graciosos desenhos de cavalos, bisões e renas. Lembro-me vividamente de um dos desenhos em especial, mostrando duas renas uma frente à outra, os cornos roçando. As duas figuras são perfeitas e uma única linha fluente une as duas, mesclando-as numa só. A luz era tênue e as cores haviam esvaecido um pouco, mas mesmo assim fiquei atônito. Se nossa civilização deixar algo assim para a posteridade, cada centavo terá valido a pena.

UM IANQUE DOS DIAS DE HOJE NUMA CORTE DE CONNECTICUT

Um dia da semana passada, encontrei na caixa de correio o seguinte relato de um homem que conheço de vista:

Se alguém procurar a família Howe em Hartford, Connecticut, verificará que uma curiosíssima peça de família tem passado de geração em geração, de herdeiro em herdeiro. Trata-se de uma caneta esferográfica, encontrada entre os objetos pessoais de um certo Phineas Howe, um advogado do século passado. A caneta está toda rachada e suja, mas é inconfundivelmente aquilo que é: uma caneta esferográfica Bic retrátil. Em todo o mundo, ninguém, exceto eu, sabe como Phineas obteve essa caneta. Eis aqui a minha história.

Sou gerente auxiliar de uma loja de departamentos e moro perto de Boston. Embora passe a maior parte do tempo conferindo e repondo estoque, acredito que possuo um bom conhecimento geral do mundo. Na noite de 9 de agosto de 1985, depois de um dia duro no trabalho, estava descansando em casa após o jantar quando me recurvei para tirar os sapatos. Devo ter batido na estante de livros, pois o meu *home theater* Panasonic despencou de repente e me atingiu na cabeça.

Quando voltei a mim, estava deitado numa campina, próximo a uma estrada de terra. Um homem num cabriolé me perscrutava do alto. Usava umas calças folgadas esquisitas — e suspensórios. Quando tentei me levantar, ele aproveitou para perguntar:

"Vens de Nova York?".

"Nova York?", repeti, apalpando com cuidado o inchaço na minha cabeça.

"Pois sim, Nova York. Não sei de onde mais poderiam vir roupas como as tuas."

"Onde estou, afinal?", perguntei lentamente.

O homem olhou-me como se eu estivesse maluco.

"Ora, estás atrás da Colt", respondeu.

"Colt? Que Colt?"

"Colt, a fábrica Colt, do Samuel Colt. A fábrica de revólveres", explicou. "Aqui em Hartford."

"Hartford?", gritei. "Que dia é hoje?"

Se eu estivesse inconsciente fazia vários dias ia ter grandes problemas com o sr. Godine, meu chefe.

O homem do cabriolé meneou a cabeça e deu um sorriso solidário.

"Hoje é segunda-feira. Segunda, dia 9. Agora, por que não vens comigo até a fábrica? Temos um médico lá."

"Você não teria um telefone?", perguntei, sôfrego.

"Estamos para receber um no começo do ano", ele disse. "Mas, por enquanto, temos duas boas linhas telegráficas."

Subi em silêncio no cabriolé. O homem deu um puxão nas rédeas. O cavalo resfolegou e saímos trotando pela estrada.

"Por falar nisso", comentei, "sei que pode parecer uma estupidez, mas em que mês estamos?"

"Em agosto", respondeu meu novo amigo.

E então, distraidamente, acrescentou:

"1880".

Não demorou até que surgissem diante de nós duas grandes chaminés lançando fumaça e, logo depois, todo um complexo de edifícios. Eram três prédios principais, todos de quatro andares, ligados entre si na forma de um H maiúsculo. Três lados da fábrica eram contornados por uma larga estrada de terra e uma cerca de madeira. O quarto lado dava para um rio. Por entre as árvores e os prédios, pude distinguir os mastros do que deveria ser um grande vapor ou escuna atracada.

Depois de passarmos pela entrada principal da fábrica, deixamos o cavalo e o cabriolé próximos a um outro cavalo e cabriolé. Antes que houvéssemos dado três passos, vários trabalhadores, todos vestindo aquelas mesmas calças folgadas e suspensórios, reuniram-se em torno de mim e começaram a me olhar, embasbacados. Ou eu estava louco ou loucos eram eles — e não era eu que estava em maioria. Cometi então o erro de ser honesto. Quando lhes disse que o último dia do qual me lembrava era 9 de agosto de 1985, os homens soltaram uma gargalhada estrondosa. Disse-lhes onde eu trabalhava e onde morava. Comecei a recitar os nomes dos últimos presidentes: "Nixon, Ford, Carter, Reagan...".

"Atenta à tua mente, rapaz", gritou um homem corpulento, "ou vais acabar passando uma temporada no manicômio."

Decidi que era hora de dar uma caminhada a sós pelo centro de Hartford. Com toda educação, perguntei como chegar até lá e parti. A essas alturas eu estava já quase certo de haver dado algum tipo de salto para trás no tempo.

O centro da cidade ficava a pouco mais de 2 quilômetros. No caminho, cruzei com vários outros cabriolés puxados a cavalo. Passei também por um grupo de pessoas que gritavam e aplaudiam, como se algum concurso estivesse prestes a começar. Reparando melhor, vi que era uma corrida entre um cavalo e uma bicicleta. Um garoto de uns doze anos, vestindo um boné vermelho e pantalonas listradas, montava uma bicicleta com as pernas abertas e mal podia esperar a largada. Todos pareciam pasmos diante da bicicleta, exceto dois ou três velhos que zombavam dela.

Continuei andando. Devo admitir que, após alguns minutos caminhando pela cidade, já me esquecera da situação esdrúxula em que me encontrava. Era uma manhã quente de verão e o ar tinha um perfume adocicado. As ruas de terra eram largas, havia pouco trânsito e as lojas vendiam coisas estranhas. Um estabelecimento, chamado Wm. H. Wiley, produzia algo chamado polainas. Uma loja chamada Smith Medicated Prune Company oferecia amostras grátis. Virando a esquina, viam-se as chaminés de uma gigantesca fábrica Pratt and Whitney, anunciando máquinas operatrizes, instrumentos para rifles, ferramentas para máquinas de costura e máquinas a vapor, todas produzidas com "precisão, durabilidade e total adequação dos meios aos fins". Numa outra empresa, tremulava uma faixa com o lema: MÁQUINAS MELHORES PARA UMA VIDA MELHOR — e, colado na vitrine do primeiro andar, um desenho da "nova máquina falante de Thomas A. Edison", mostrando um longo cilindro apoiado em ambas as extremidades e encostado em alguma espécie de fone de ouvido ou alto-falante no meio. Nesse desenho, uma mulher toda sorridente inclinava-se sobre a máquina e girava o cilindro com uma manivela.

Sentindo-me cansado, resolvi sentar num banco de jardim. Mas estava estranhamente empolgado. Havia uma sensação de progresso no ar. Avanços tecnológicos pareciam ribombar por toda parte. A vida estava melhorando.

Ocorreu-me então uma maneira de provar quem eu era, um homem do século XX: revelar-lhes as maravilhas da tecnologia moderna. Teriam de acreditar em mim. Meus conhecimentos falariam por si. E não era só isso. Fazia anos que eu só recebia ordens; já era mais do que hora de começar a dá-las. Comecei a sentir aquela inebriante sensação do poder.

A fábrica Colt parecia ser o melhor lugar para começar, pois eu já conhecia alguém lá. Saí em disparada à procura de Amos Plimpton, o homem que me recolhera em seu cabriolé. Ele estava operando uma máquina de gravar metal quando o encontrei.

"Sr. Plimpton", gritei, quase sem fôlego, "conceda-me apenas quinze minutos do tempo de seus melhores operadores de máquinas. Tenho coisas interessantíssimas para lhes dizer sobre competição. Prometo que não irão se arrepender."

Miraculosamente, Plimpton consentiu, cedendo talvez ao seu bom tino comercial ianque.

Quando cerca de vinte homens haviam se reunido na oficina de Plimpton, comecei o falatório. Achei que deveria começar manso, com automóveis, e ir avançando até os videocassetes.

"Senhores", comecei, "permitam-me lhes falar de um meio de transportes avançadíssimo chamado automóvel. Creio que possuem as ferramentas necessárias para construir um aqui mesmo nesta oficina."

Silêncio. Prossegui:

"Um automóvel possui um motor a gasolina, cuja velocidade de rotação aumenta quando pisamos no acelerador, e é capaz de nos transportar por uma estrada a mais de 100 quilômetros por hora", disse, e sorri.

"E como funciona esse tal de motor a gasolina?", perguntou-me um dos homens.

"Bem", comecei pensativo, "existem os cilindros e também as válvulas, que abrem e fecham. No interior do motor, a gasolina e o ar se misturam e explodem quando a vela de ignição emite uma fagulha."

"*Vela de ignição*, sei, sei", observou outro.

Os homens se levantaram e começaram a deixar a sala.

"Vocês têm de acreditar em mim!", implorei, sacudindo os braços.

"Não há nada no que acreditar", retrucou um dos operários, com raiva. "Não fizeste mais que desfilar uma porção de nomes."

"Mas eu sou de 1985. Eu vim de 1985!", gritei. "Posso ensinar-lhes muitas coisas."

"Plimpton", alguém disse, "chama a polícia. Esse rapaz é maluco. A polícia saberá o que fazer com ele."

E foi assim que conheci Phineas Howe. Naquela tarde, quando a polícia tentou me trancafiar numa cela de Hartford, exigi um julgamento. Depois de uma cena terrível (fui obrigado a gritar, espernear e despejar emendas constitucionais desconhecidas), eles me soltaram sob a custódia de Plimpton, que sentia alguma estranha responsabilidade por mim. O julgamento foi marcado para o dia 16 de agosto e Plimpton generosamente convidou-me para ficar em sua casa até então. Phineas Howe, sem que ele soubesse e contrariando as normas do bom senso, foi designado meu advogado de defesa.

Alguns dias depois, fui apresentado a Phineas. Encontramo-nos em seu escritório para prepararmos a minha defesa. Ele era alto, tinha cerca de cinqüenta anos de idade, os ombros ligeiramente arqueados e uma certa barriga. Seu cabelo era farto mas desgrenhado, seu rosto grande e elástico, com mais pele do que seria necessário. No todo, tinha um semblante triste, como um cão bassê. Cumprimentou-me à porta com ar relutante.

"És tu o senhor do século XX?", suspirou.

Fiz que sim com a cabeça. Pediu-me então que entrasse. A primeira coisa que me chamou a atenção foi a cabeça de alce pendurada na parede. Tentei achar um espaço livre onde me sentar, mas não foi fácil. O sofá estava atulhado até a altura dos quadris com números antigos da revista *Hunter and Field* [Caçador e Campo], e o catre no canto transbordava de camisas, cuecas e culotes. Papéis e restos de comida espalhavam-se por todo o chão. Por fim, localizei uma pequena ilha de espaço no tapete, que soltou uma enorme nuvem de pó quando me sentei.

Estava um calor escaldante. Phineas tirou o paletó, lançou-o a esmo e arregaçou as mangas da camisa.

"Pois bem", disse, após uma pausa para retirar cera dos ouvidos, "dize-me os fatos. Tu tens ciência, decerto, do que está em jogo aqui. Foste acusado de perturbação da paz, tentativa de fraude e demência."

Repeti a minha história, que Phineas foi anotando num bloco comprido de papel amarelo. Acho que não acreditou numa só palavra. Mas como havia sido indicado pelo ministério público, tinha uma obrigação a cumprir. Além do que, não pretendia perder essa causa por qualquer erro que *ele* viesse a cometer. Como vim a saber, Phineas tinha um currículo profissional verdadeiramente aterrador, o que todavia não o impedia de sentir e ostentar um certo orgulho profissional.

Passamos por uma série de perguntas e respostas — em que ele fez todas as perguntas e eu dei todas as respostas. Perguntou-me quando eu havia nascido.

"3 de dezembro de 1948", respondi.

"Estás querendo me dizer que só nascerás dentro de sessenta anos?", perguntou-me com a voz firme.

Parei para refletir.

"Sim, é isso", respondi.

"Entendo, entendo", comentou com uma expressão sofrida. E rabiscou algumas coisas em seu bloco amarelo.

Assim seguimos por cerca de meia hora. Comecei a me dar conta da gravidade da situação.

"Eu não estaria neste embrulho se os maquinistas da Colt houvessem me dado mais alguns minutos", lamentei.

"Eles não estavam preparados para alguém como tu", explicou Phineas, agitando a mão com impaciência. "Estava pensando em convocar Thomas Edison como testemunha perita. Já trabalhei num escritório de advocacia que o ajudou num caso de patentes alguns anos atrás. Já ouviste falar em Edison, não?"

Fiz que sim com a cabeça.

"Edison é brilhante o bastante para resolver esse caso", disse Phineas. E acrescentou: "De uma forma ou de outra".

Após uma rápida averiguação, nos dirigimos até a agência de telégrafo e enviamos um telegrama para Menlo Park, em Nova Jersey, onde Edison trabalhava dia e noite em seu laboratório. Uma hora depois recebemos a resposta, que Phineas não permitiu que eu lesse, mas que dizia algo no sentido de que ambos poderíamos ir duas vezes ao inferno a menos que eu consentisse em ajudar Edison com o sistema de iluminação que estava projetando para a cidade de Nova York. Meu advogado perscrutou-me com o olhar, e eu concordei:

"Certamente".

Não era o momento de perder a confiança em mim mesmo. Phineas telegrafou de volta essa única palavra e, menos de uma hora depois, recebemos uma segunda mensagem dizendo que Edison chegaria pela New York & New England Line às 10h13 do dia 16 de agosto.

O julgamento realizou-se no Tribunal de Justiça Comum, na nova sede da prefeitura, um edifício de tijolinhos na esquina das ruas Trumbull e Allyn. Plimpton quis ardentemente me acompanhar naquela manhã, mas sua filha adoecera súbita e gravemente com pneumonia. Enquanto me preparava para deixar sua casa, comentei que se fosse possível produzir um pouco de penicilina... Mas não sabia mais do que o nome da substância. Plimpton encarou-me com o rosto inexpressivo e eu resolvi partir. Havia simpatizado com ele e sua esposa, e lamentei profundamente por sua filha.

Phineas chegou ao tribunal com o ar de quem não trocava de roupa havia 48 horas. Estava carregando vários blocos de papel amarelo e uma pilha de exemplares da *Popular Science Monthly*.

"Nada digas enquanto não estiveres no banco das testemunhas", murmurou com um senso de urgência em meus ouvidos, "e responde somente a perguntas diretas. Estou em pleno controle da situação."

Indiquei que havia entendido e acompanhei-o até o lugar onde deveríamos nos sentar.

"Não cederemos uma polegada sequer a esses sodomitas", voltou a murmurar, "e muito menos para aquele almofadinha filho da mãe do Calhoun."

"Quem é Calhoun?", sussurrei de volta.

Como resposta, Phineas apenas olhou para o outro lado da sala, em direção a um homem calmo, beirando os quarenta anos, que estava abrindo uma pasta fina de couro. Era Thomas Calhoun, o promotor público, ladeado por dois jovens assistentes. Os três vestiam ternos cinza impecáveis. Calhoun era o mais magro e tinha cabelos bem escuros. Era o tipo de pessoa que jamais emite uma palavra que não esteja certa. Diplomara-se em direito pela Yale. Vi tudo isso nos primeiros cinco minutos e entrei em depressão.

O juiz Renshaw entrou no tribunal naquele instante e todos se levantaram.

"O cérebro de Renshaw não serve nem como isca de peixe", sussurrou Phineas.

A sessão teve início.

Além das partes envolvidas, cerca de vinte representantes da Companhia de Seguros Aetna podiam ser vistos sentados ao fundo da sala. Durante todo o julgamento, não pararam de se abanar com leques de papel que ostentavam mensagens publicitárias da Funerária Spring Grove.

Não pretendo repetir aqui as palavras de abertura da sessão. Calhoun apresentou o caso em nome da cidade de Hartford, convocando vários operários da Colt para testemunhar. Foi breve e direto, e melífluo como seda. Phineas então apresentou a nossa posição. O juiz Renshaw, um homem pequeno e discreto, parecia perplexo com a questão toda e permaneceu em silêncio.

Foi quando Edison chegou.

"Onde está Phineas Howe?", perguntou com sua voz de trovão, caminhando pelo corredor central. O intendente fez menção de interrompê-lo, mas o juiz ergueu a mão. Um murmúrio respeitoso espalhou-se pela sala enquanto todos se voltavam para dar uma olhada em Thomas Alva Edison. Por fim, um funcionário do tribunal encaminhou-o até onde estávamos sentados. Edison era um homem grandalhão, de olhos azuis penetrantes, e lançou um olhar inquiridor em minha direção.

"Vamos depressa com isso", disse a Phineas. "Estou partindo às 12h33."

Phineas convocou-me imediatamente para o banco das testemunhas e, apresentando Edison como testemunha perita, anunciou:

"Pretendo provar que meu cliente possui conhecimento de uma tecnologia tão mais avançada que a nossa de maneira que ele só pode ser um cidadão do final do século XX. Ou, quiçá, do século XXI. Seus conhecimentos serão confirmados pelo maior inventor da nossa era, o senhor Thomas A. Edison".

O pessoal da Aetna deixou de lado por um instante seus abanadores para aplaudir. Calhoun, inquieto, para minha satisfação, remexeu-se na cadeira e pôs-se a sussurrar algo no ouvido dos assistentes. Phineas e eu tínhamos agora todas as cartas na mão.

"Para começarmos", disse Phineas, voltando-se para mim, "conta ao tribunal sobre a tua casa."

"Bem, em casa tenho uma geladeira, uma lava-louças, um aparelho estereofônico, um gravador cassete, dois telefones, um televisor, um videocassete, um forno de microondas, um computador pessoal e um Chrysler na garagem."

Para falar a verdade, senti-me um pouco envergonhado, alardeando assim meus bens para o tribunal, mas Phineas havia insistido nisso. Ele então pediu que eu explicasse o que cada um desses aparelhos fazia.

"Objeção", interveio Calhoun. "A defesa apenas inventou uma porção de nomes e funções bonitas. Está desperdiçando o tempo do tribunal."

"Estou certo de que o sr. Edison saberá determinar isso melhor que nós", respondeu o juiz Renshaw. "Objeção indeferida."

O juiz olhou com expectativa para Phineas, que folheava às pressas um exemplar da *Popular Science Monthly*.

Phineas pediu então que eu explicasse aos presentes e ao sr. Edison como funciona um televisor.

"Um sinal de rádio é emitido pela estação transmissora", comecei, "e captado pela antena do televisor. O sinal entra no aparelho e dirige corrente elétrica para um tubo de imagem dotado de um sem-número de pontos. Esses pontos acendem quando são atingidos pela eletricidade. É isso que forma a imagem."

Edison estava visivelmente enfadado e impaciente.

"Meritíssimo", pediu Phineas, "por favor permiti que o senhor Edison interrogue o réu."

O juiz Renshaw assentiu.

"Existem fios que chegam diretamente ao tubo de imagem?", perguntou Edison.

Refleti a fundo.

"Acho que não", respondi.

"O que disseste?", perguntou Edison.

"Acho que não", repeti.

Edison continuou me olhando como se não tivesse me ouvido.

"Acho que não", gritei.

Ele meneou a cabeça e disse:

"Nesse caso, não precisaria haver vácuo no interior do tubo de imagem?".

"Parece-me razoável que sim."

Olhei para Phineas. Ele cobria os olhos com as mãos.

"O televisor usa corrente contínua ou alternada?", perguntou Edison.

Fiquei pensando outra vez.

"Bem, acho que a corrente sai da parede alternando."

114

Todos gargalharam no tribunal. Phineas ainda tinha as mãos sobre os olhos, mas parecia estar espreitando por entre os dedos.

"O que disseste?", insistiu Edison. Ele definitivamente tinha algum problema auditivo.

"Eu disse que acho que ela sai da parede alternando", gritei.

"Mas há um transformador ou um retificador?", perguntou Edison.

"O que é isso?", perguntei.

"Um transformador aumenta a voltagem e diminui a corrente, ou vice-versa, mantendo o produto constante. Perde-se mais energia com voltagens menores. Um retificador transforma corrente alternada em contínua. Estou tendo grandes problemas com meus transformadores na rua Pearl. As capacitâncias não parecem estar corretas."

O que Edison estava dizendo era extremamente interessante.

"Explica-me agora esse tal de tubo de imagem", prosseguiu. "Dizes que ele acende quando é atingido por eletricidade?"

Indiquei que sim.

"Como isso se dá?", perguntou Edison. "Do que é feito esse tubo?"

Resolvi falar sobre geladeiras.

"A geladeira é uma máquina maravilhosa", expliquei. "Mantém a comida resfriada graças à eletricidade. Podem esquecer essa história de ficar carregando grandes blocos de gelo."

"Como funciona uma dessas tais *geladeiras*?", Edison quis saber.

"Bem, existe um motor na parte de dentro", respondi quase gritando, "que empurra o calor para fora da geladeira."

Para minha surpresa e vergonha, descobri que não sabia explicar mais nada sobre geladeiras, embora pudesse jurar que não havia muito o que explicar. Edison olhou para seu relógio.

"O TNT", exclamei com convicção, "é um explosivo muito potente e excelente como arma."

O pessoal da Aetna parou de se abanar.

"Tri-nitro... alguma coisa", acrescentei.

"Queres dizer nitroglicerina?", perguntou Edison.

"Não, não. Trinitro alguma coisa."

115

"Quais são os ingredientes?", quis saber Edison.

"O nitrogênio é um deles", respondi.

Edison olhou para mim com desprezo e concluiu:

"Não creio que este senhor saiba coisa alguma sobre a tecnologia de qualquer século que seja. E ele certamente não me ajudou em nada."

E, com isso, deixou a sala. Phineas, claramente abalado, disse que eu poderia voltar ao meu lugar. Calhoun parecia satisfeito. Eu me sentia humilhado.

O juiz Renshaw pigarreou e indicou que estava na hora das observações finais. Calhoun foi o primeiro a falar.

"Creio ter ficado claro que o réu demonstrou não possuir conhecimento algum de tecnologia avançada", declarou com a voz serena. "E nenhuma prova foi apresentada de que ele seja realmente um cidadão do século XX. Portanto, peço à corte que proceda com base no fato de ele ser um impostor que tentou deliberadamente enganar o povo honesto da nossa cidade, ou um perigoso lunático. A promotoria pede a este tribunal a pena de cinco anos de encarceramento no Presídio Lockwood, ou um período equivalente no Manicômio Judiciário de Connecticut, o que julgar mais apropriado."

Em seguida foi a nossa vez. Numa jogada ousada, Phineas pediu que eu retornasse ao banco das testemunhas novamente. Caminhou até mim, sorriu e perguntou num tom delicado:

"Teus amigos do século XX sabem como os televisores, os automóveis e os computadores funcionam?".

Eu sabia perfeitamente que estava sob juramento.

"Bem, tem um rapaz da Eletrônica Acme, em Cambridge, que conserta o meu televisor quando quebra", respondi. ("Mas não posso dizer que realmente o conheço", pensei.) "Quando morei em Watertown, conheci alguém que era capaz de montar o sistema de freios de um automóvel só com peças sobressalentes. Quanto aos computadores, bem... é recomendável não tentar desmontá-los."

"Estás insinuando que apenas um punhado de pessoas do teu século entende como essas coisas funcionam?", perguntou Phineas, quase num sussurro.

116

Ele estava escarnecendo de mim, talvez para inflar o seu próprio bote salva-vidas, agora que o navio ameaçava naufragar. Não cheguei a culpá-lo, ainda mais porque ele tinha razão, mas aquilo me deixou furioso mesmo assim.

"O senhor sabe como um *telégrafo* funciona?", perguntei-lhe num tom irritado.

"Objeção", interveio Calhoun, levantando-se. "Os conhecimentos e a credibilidade de meu colega, senhor Howe, não são relevantes ao caso. Ademais, é altamente impróprio que o réu discuta com o seu próprio advogado de defesa."

"Objeção mantida", decretou o juiz Renshaw, bocejando.

"O *senhor* sabe como um telégrafo funciona?", perguntei ao juiz.

Phineas levou-me de volta às pressas para a minha cadeira.

"A defesa tem mais alguma coisa a acrescentar?", perguntou o juiz Renshaw.

Phineas estava escrevendo algo às pressas, usando um lápis todo comido que já reduzira praticamente a um toco com o seu canivete.

"Tens aí alguma coisa que escreva?", murmurou em desespero.

"É claro", respondi, tirando uma caneta esferográfica do bolso.

Ele pegou a caneta e continuou garatujando sem erguer os olhos. Mas, de repente, parou e pôs-se a examinar a caneta. Apertou o botão e viu a ponta retrair-se. Apertou de novo e a ponta voltou a projetar-se para fora.

"Filha da mãe!", exclamou. "Olhai só isto aqui!"

Levantou-se, caneta em riste, e caminhou até a mesa do juiz. Depois de murmurarem alguma coisa em tom animado, o juiz indicou para que Calhoun se aproximasse. Em seguida, pediu que todos nos reuníssemos em seu gabinete.

Fui absolvido, é claro. O pessoal da Aetna, porém, nunca chegou a descobrir exatamente o porquê. Houve uma pequena sensação após o julgamento e um repórter do *Hartford Times* veio me procurar, acompanhado de um fotógrafo. Parece que pretendiam tirar uma foto minha montando a cavalo. "O homem do século XX, em dificuldades temporárias, quebra o galho com um cavalo", ou algo nesse sentido.

Uma pequena multidão se reunira em frente à prefeitura. Lá estavam o repórter, o fotógrafo e também Phineas — e eu precisei montar o bicho. Mas devo ter montado pelo lado errado, pois a próxima coisa de que me lembro foi ter sido arremessado para longe e passar voando pela L. T. Frisie and Sons, em direção a um poste na calçada. Foi a última coisa que vi da velha Hartford.

Quando acordei, estava caído no assoalho da minha sala de estar, todo empoeirado. Minha esposa molhava minha testa com um pano úmido. Deu um suspiro de alívio quando abri os olhos.

"Querido, onde você esteve?", perguntou. "Estava à sua procura há mais de uma hora. Então ouvi um baque surdo e encontrei-o assim, estatelado e desacordado."

Apesar da dor de cabeça, consegui esboçar um sorriso.

A ORIGEM DO UNIVERSO

    Nas últimas décadas, os físicos vêm recuando no tempo as suas teorias sobre matéria e energia, aproximando-se cada vez mais da explosão primordial que deu início ao universo, há cerca de 10 bilhões de anos. Hoje é comum vermos cientistas discorrendo sobre "A origem do universo". Contudo, quando assistimos a uma dessas palestras, logo descobrimos que eles não estão nos oferecendo "A origem", mas sim 1 bilionésimo ou trilionésimo de segundo depois.
    Foi assim que, por acaso, vi-me sentado na platéia de mais uma palestra intitulada "A origem do universo" proferida na Universidade de Harvard na primavera de 1984. O palestrante era o cientista britânico Stephen Hawking e o anfiteatro estava lotado. Hawking, na época com 42 anos de idade, tornara-se um dos físicos teóricos mais inovadores de nosso tempo. Ele já sofria havia anos de uma doença degenerativa do neurônio motor que devastara seu corpo mas lhe preservara a mente. Nessa tarde, com Hawking sentado numa cadeira de rodas, esforçando-se para emitir uma série de sons que eram traduzidos em palavras por um aluno, fui pouco a pouco me dando conta do que estava ouvindo: Hawking já percorrera a distância completa. Pela primeira vez, um proeminente cientista estava se debatendo com a condição *inicial* do universo — não 1 microssegundo após o Big Bang, como eu sempre ouvira antes, mas o verdadeiro começo, o instante da criação, o padrão prístino de matéria e energia que iria mais tarde formar os átomos, as galáxias e os planetas.

Em qualquer outra circunstância, os físicos não pensariam duas vezes para discutir as condições iniciais. As "condições iniciais", juntamente com as "leis", são as duas partes essenciais de todo modelo da natureza. As condições iniciais nos dizem como as partículas e as forças da natureza estão configuradas no começo de um experimento. As leis nos dizem o que acontecerá em seguida. Toda e qualquer previsão repousa sobre ambas as partes. Façamos um pêndulo oscilar, por exemplo, e seus movimentos serão determinados pela altura inicial em que o soltamos e pelas leis da gravidade e da mecânica. No caso, porém, o pêndulo de Hawking é o universo inteiro. E ele está tentando refletir racionalmente sobre o que teólogos e cientistas sempre aceitaram como posto e irredutível. Está tentando *calcular* o ponto em que a mão deixou o pêndulo soltar-se. Suas equações do estado inicial do universo, junto com as leis da natureza, talvez permitam prever o decurso completo do universo. Talvez possam nos dizer se o universo irá se expandir para sempre ou se atingirá um tamanho máximo e depois entrar em colapso. Talvez expliquem a existência dos planetas, e do tempo.

Mas como saber se as equações de Hawking estão corretas? Poderá a mente humana algum dia compreender a criação? E, o que é igualmente enigmático, como foi que a ciência chegou a essa desmesurada autoconfiança? Fiz essas perguntas a mim mesmo e a um colega perplexo, ao deixarmos o anfiteatro após a palestra, caminhando desde o campus, pela cidade, em meio a carros e crianças usando luvas.

Os físicos hoje não são modestos — e com motivos. Somente neste século, eles descobriram e testaram com êxito uma nova lei da gravidade, uma teoria para a força nuclear forte e uma teoria unificada do eletromagnetismo e da força nuclear fraca. Propuseram outras leis que poderão unificar todas as forças da natureza. Mostraram ainda que o tempo não flui de maneira uniforme e que as partículas subatômicas parecem ocupar vários lugares simultaneamente. Essas vitórias, muitas vezes em regiões distantes da percepção sensorial humana, produziram uma vigorosa sensação de confiança.

Em vários desses avanços mais ousados, a teoria distanciou-se da nossa capacidade de observação — para não falar da nossa capacidade de aplicação. Por exemplo, a teoria unificada do eletromagnetismo e da força nuclear fraca, elaborada nos anos 60, previa a existência de novas partículas que só seriam descobertas em laboratório na década de 80. Estrelas superdensas, com diâmetros de 25 quilômetros, foram previstas na década de 30 — mais de trinta anos antes de serem observadas no espaço, a milhares de anos-luz da Terra. A teoria geral da relatividade de Einstein previa que um raio de luz estelar passando perto do Sol seria deflectido 5 décimo-milésimos de grau pela gravidade solar. Quando um novo experimento confirmou esse efeito minúsculo vários anos depois e Einstein continuou totalmente blasé, um aluno lhe perguntou o que ele teria feito se a sua previsão houvesse sido refutada. Einstein respondeu que lamentaria pelo bom Deus, mas "a teoria *está* correta".

Com tamanha autoconfiança, os físicos acostumaram-se a extrapolar suas teorias para situações impossíveis de ser testemunhadas por seres humanos. O trabalho de Hawking acerca do começo do universo é um exemplo extremo. Na evolução do universo como um todo, a gravidade é a principal força a ser defrontada. Hawking extrapolou a teoria da gravidade de Einstein para uma época não apenas anterior à vida, mas anterior aos próprios átomos. E, o que é ainda mais estranho, o universo primordial era tão denso que tudo que nele havia — incluindo a própria geometria do espaço — comportava-se da maneira nebulosa e indeterminável das partículas subatômicas. A metodologia para descrever esse comportamento chama-se mecânica quântica; e a aplicação dessa metodologia à gravidade chama-se gravidade quântica. De acordo com a teoria da gravidade quântica, é possível que o universo inteiro tenha emergido do nada.

Hawking investigou matematicamente o tipo de universo que poderia ter surgido do nada. Esse universo incipiente teria extensão finita ou infinita? Curvar-se-ia sobre si mesmo? Teria a mesma aparência visto de todos os lados? Expandiria depressa ou devagar? As respostas a essas perguntas ocultam-se numa equação de alta complexidade — uma equação que provavelmente levará muito tempo até ser resolvida, mais tempo ainda para ser testada, e que ainda poderá estar errada. Não obstante, é reflexo da extrema confiança no poder da razão humana para revelar o mundo natural. Hawking, como Darwin, aventurou-se em regiões outrora proibidas aos seres humanos em geral, e aos cientistas em particular. O trabalho de Hawking, certo ou errado, é uma celebração do poder humano e do seu direito ao conhecimento.

Homens e mulheres sempre ansiaram por compreender e controlar o seu mundo, mas sempre se depararam com obstáculos. Nas mais variadas épocas e culturas, tentaram os mais variados meios para deixarem o caminho desimpedido — magia nas culturas primitivas, religião e ciência nas sociedades mais evoluídas. O homem primitivo acreditava no seu poder de controlar a natureza e os demais seres humanos através da magia. Ele se acreditava capaz de fazer chover se subisse num abeto e batesse numa tigela, imitando o trovão. Acreditava ser capaz de produzir uma brisa fresca envolvendo crina de cavalo em torno de um bastão e agitando-o no ar. Mas à medida que sua experiência vai aumentando, o homem percebe que tais métodos têm suas limitações. Chuvas e brisas nem sempre surgem quando instadas a fazê-lo. Nesse estágio de desenvolvimento, como afirmou o antropólogo sir James Frazer em *The golden bough* [O ramo dourado], o homem deixa de confiar em si mesmo e lança-se à mercê de seres superiores. Assim tem início a religião — e a capitulação do poder pessoal. Meu rabino disse-me certa vez que o homem sempre fez de Deus aquilo que ele próprio deseja ser.

No entanto, à medida que seus conhecimentos aumentam, também essa nova maneira de relacionar-se com o universo precisa ser revista. Pois, em diversas ocasiões, os deuses, refletindo a ignorância e a superstição dos homens, receberam personalidades humanas juntamente com seus poderes. Os deuses se embriagam, como aconteceu com as deidades babilônicas naquela noite, antes de Marduk sair para lutar contra os dragões do caos. Também podem ser ciumentos e maliciosos, como Hera, que destruiu os troianos por não ter ganho um concurso de beleza julgado por um troiano. Se os fenômenos naturais fossem controlados por deuses assim, estariam sujeitos aos seus caprichos e paixões. No entanto, quanto mais o homem estuda a natureza, mais encontra evidências de leis regulares. As estações se repetem, as estrelas percorrem trajetórias, pedras caem no chão a uma velocidade previsível. É o estudo dessas regularidades que marca o método da ciência. Através da ciência, o homem recupera boa parte da confiança primitiva em seu próprio poder, mas com o controle substituído agora pelo conhecimento. Conhecimento é poder. O homem talvez não seja capaz de controlar as condições meteorológicas, mas ele pode tentar prevê-las.

Com o início da ciência moderna na Europa, começou-se a medir eclipses, dissecar cadáveres, observar montanhas na Lua com novos telescópios, examinar a água dos lagos com microscópios, estudar os ímãs e a eletricidade. Copérnico declarou que a Terra gira em torno do Sol. Paracelso anunciou que as doenças são causadas por agentes externos ao corpo, não por humores internos. Galileu mostrou que corpos em movimento permanecem em movimento se sobre eles não atuarem forças externas.

Contudo, sempre permeando a cultura humana, permaneceu a idéia de que algumas áreas do saber estão fora do alcance, do entendimento ou do direito dos mortais. Adão e Eva foram punidos por comerem da árvore proibida do conhecimento, que lhes abriu os olhos e os tornou "como deuses". Em *Paraíso perdido*, Adão pede ao anjo Rafael para explicar a criação. Rafael concede em revelar-lhe um pouco, mas então adverte:

> [...] *Tudo o mais*
> *Esconde de homens e de anjos o Arquiteto imortal,*
> *E seus grandes segredos não divulga*
> *Aos exames daqueles que antes só deviam*
> *Admiração humilde tributar-lhes* [...]*

O doutor Fausto procurou outras autoridades para obter conhecimento e foi obrigado a pagar com a sua alma. Além disso, as pessoas também se perguntavam até que ponto o universo se sujeitaria à racionalidade humana. Descartes assemelhara o mundo a uma máquina gigantesca, mas muitos viam tais reduções como ameaças ao poder de Deus. Na Condenação de 1277, o bispo de Paris deixou

---

(*) Tradução de Antônio José Lima Leitão.

claro que lógica humana alguma haveria de tolher a liberdade de Deus de fazer o que quisesse. Até Isaac Newton, mestre da lógica e do reducionismo, investigador de todos os fenômenos naturais, chega ao final dos *Principia*, no "Escólio geral", em que deixa a reserva de lado e confessa que o movimento sincronizado das luas e planetas jamais poderia ser explicado por "meras causas mecânicas", mas exigiria "a resolução e o domínio de um Ser inteligente e poderoso". Além disso, seria impossível aos mortais compreender a arte desse ato de equilíbrio divino: "Assim como um cego não tem idéia das cores, também nós não temos idéia da maneira pela qual a sapiência de Deus percebe e compreende todas as coisas". Newton, um homem de ciência e também de fé, acabou preso entre o seu próprio poder de cálculo e o poder incognoscível de Deus.

Mas o incognoscível continuou cativante. E o homem, embora temeroso de retirar todos os véus, continuou sentindo-se impelido a levantá-los. Depois de Newton, houve um grande debate acerca da possibilidade ou não de o sistema solar ser explicado racionalmente. Discussões semelhantes repetiram-se nos séculos seguintes. Nos séculos XVIII e XIX, os geólogos debateram se as mudanças na Terra ocorriam através de transformações graduais, obedecendo a leis naturais, ou através de catástrofes súbitas, determinadas por um Deus interferente. O modo de pensar do final do século XIX, pouco antes de Marie Curie descobrir que o sagrado átomo poderia ser cindido, foi assim descrito por Henry Adams: "[...] desde Bacon e Newton, o pensamento inglês avançou protestando com impaciência que ninguém deve tentar conhecer o incognoscível ao mesmo tempo em que todos seguiam pensando nisso".

Para Henry Adams, o incognoscível que se tornou conhecido foi o átomo. Para os biólogos modernos, foi a estrutura do DNA e a possibilidade de se criar vida. Para os astrônomos modernos, foi a distância das galáxias e o formato do cosmo. Para os físicos modernos, talvez seja a grande força unificada e o nascimento do universo. Camada por camada, o incognoscível foi sendo descascado, examinado e racionalizado. Hoje, os cientistas, mais humildes em virtude da sua estatura declinante dentro do cosmo porém estimulados por seu sucesso em se adaptar a esse status reduzido, demarcaram o universo físico inteiro como seu legítimo território de atuação. E pretendem que suas teorias e equações os levem a lugares a que não podem ir com seus corpos. Na introdução de um de seus últimos artigos, Hawking afirma: "Muitos afirmariam que as condições [iniciais do universo] não são parte da física, mas pertencem à metafísica ou à religião. Afirmariam que a natureza teve total liberdade de encetar o universo da maneira que quisesse. [...] Contudo, todas as evidências indicam que [o universo] evolui de uma maneira regular e de acordo com certas leis. Portanto, é razoável supor que houvesse também leis regendo as condições [iniciais]".

Para mim, o trabalho de Hawking, embora extraordinariamente ousado, é uma extensão natural daquilo que a ciência vem fazendo nos últimos quinhentos anos. Mas permanece a pergunta: Depois que a física reduzir o nascimento do universo a uma equação, haverá ainda espaço para Deus? Fiz essa pergunta a um colega que realizara cálculos importantes sobre a origem do universo e que também acredita fervorosamente em Deus. Ele respondeu que, embora a física seja capaz de descrever aquilo que foi criado, a criação em si está fora dos limites da física. "Mas com as suas equações você está tirando a liberdade de Deus", repliquei. Ao que ele respondeu: "Mas foi assim que Ele determinou".

COMO O CAMELO GANHOU A SUA CORCOVA

A noite começa a cair e estou pondo minha filha para dormir. Ela senta-se ao meu lado, vestindo seu pijama amarelo, com a cabeça recostada em meus ombros. Pela terceira vez, estamos devorando o livro *Just so, stories* [Então, somente histórias]. Minha filha quer saber se o duende mágico que toma conta de Todos os Desertos poderia realmente fazer com que as costas do Camelo se inflassem tão subitamente — e para que serve uma corcova afinal? Ela já perguntou isso antes. Mas hoje estou preparado, depois de pesquisar camelos na biblioteca e conversar com alguns amigos entendidos no assunto. E explico que a corcova é feita da gordura de que todos os animais necessitam para viver quando não conseguem achar alimento. O camelo guarda toda a sua gordura num só lugar, nas costas, para que o restante do seu corpo possa ser resfriado mais facilmente. Manter-se resfriado é importante no deserto. O pingüim, por outro lado, precisa manter-se aquecido e, portanto, distribui sua gordura numa espessa camada por todo o corpo, como um cobertor. Aproveito para ajeitar o travesseiro para minha filha.

"Papai, os camelos são terrivelmente espertos, não são?", ela pergunta entre dois bocejos.

"Para falar a verdade, não são, não", explico. "Os camelos não descobriram isso por conta própria. A natureza dedicou-se durante milhões e milhões de anos aos camelos, e cometeu muitas asneiras até que eles saíssem certinhos."

Apago as luzes. A lâmpada do poste brilha pela janela do quarto. Lembro da minha ida a Nova York na semana anterior, minha chegada lá à noite, de ônibus, os edifícios e as torres todas acesas, delgadas, belas e frágeis, como miniaturas. E a ponte Queensboro, com os postes passando diante de mim um a um, a luz pulsando na poltrona de vinil à minha frente, fazendo-a parecer uma pele palpitante, a pele finíssima da nossa garganta, tremulando com cada pulsação de sangue das veias.

Minha filha dá um espirro.

"Adivinha o que eu fiz na escola hoje, papai?", ela pergunta.

"O quê?"

"Um *pilgrim*,* para o dia de Ação de Graças. E antes eu subi até o quarto degrau da escada. O quarto degrau. A senhora Gauthier me viu."

Dou-lhe um beijo e caminho até a janela.

"Venha ver a Lua comigo", sussurro.

Ela se levanta da cama e vem na ponta dos pés descalços pelo tapete. Abrimos a veneziana branca.

"Homens já foram até a Lua e caminharam por lá", digo. "Não faz muitos anos."

A noite é rompida pelo som de um carro passando pela rua.

Olho para a Lua novamente, dependurada no espaço, e imagino rodas gigantescas de aço girando silenciosamente na escuridão acima de nós. Imagino milhares de satélites vagando em torno do planeta em todas as direções, quase colidindo uns com os outros. Imagino cilindros luzidios lançados subitamente para cima, iluminando a noite com o fogo vermelho de seus motores, percorrendo trajetórias em arcos, em direção a cidades. Novos brinquedos de novas criaturas. Lá embaixo, a antiga Terra aguarda.

"De volta para a cama", sussurro para minha filha. Ajeito-a outra vez, dobrando o cobertor cuidadosamente sobre seu peito.

"Papai", ela pede, "lê para mim outra vez sobre o duende e como ele fez a corcova do camelo inchar com a sua mágica?"

"Uma outra noite", respondo.

(*) Membro do grupo de puritanos separatistas ingleses que fundaram a colônia de Plymouth, na Nova Inglaterra, em 1620. (N. T.)

TERRA DE FERRO

Certa manhã, há não muito tempo, eu estava tranqüilamente sentado diante da lareira, lendo, quando um forasteiro encapuzado bateu em minha porta, entregou-me uma carta toda amassada, e partiu às pressas. Eu não teria dado muito crédito à sua história curiosa, que reproduzo abaixo, se não houvesse mais tarde percebido que a madeira estava esmagada no lugar onde ele esbarrara no beiral.

Tenho caminhado pelas ruas há dias, praticamente cego, à procura de outra criatura igual a mim. Como cheguei aqui, através de toda a vastidão do espaço, não sei dizer, mas me sinto compelido a partilhar algo da minha terra de origem. Chamarei nosso mundo de Terra de Ferro, não porque o chamemos assim, mas para que sua natureza fique mais clara a vocês. Em Terra de Ferro tudo é feito de ferro. Não existe nenhum outro elemento. Imaginem uma terra sem ar, sem chuva, sem grama; sem oxigênio, hidrogênio ou carbono. Imaginem um planeta onde existe apenas ferro e coisas que possam ser feitas de ferro. Por não conhecermos outro modo de viver, consideramos esse estado de coisas perfeitamente natural.

Nosso mundo é muito mais simples que o de vocês. Para começar, a química não existe, pois não há outros elementos para reagirem com o ferro. Fiquei estupefato com a miríade de fenômenos químicos que vocês possuem: a fotossíntese, a energia de pilhas, o sabor. Nem mesmo nossos escritores de ficção científica imaginaram tais coisas. Ainda assim, temos algumas compensações. Vocês hão de compreender de imediato como as nossas estruturas são duráveis comparadas com as suas. Sem corrosão nem putrefação, nossas casas esplêndidas duram para sempre, preservando a coloração branco-acinzentada inicial. Penso que os arquitetos do seu mundo, especialmente os desejosos de que os edifícios que constroem durem mil anos, devem considerar a oxidação um estorvo sem tamanho. Na realidade, todo tipo de envelhecimento ocorre mais rapidamente num mundo com química, embora isso ainda não explique por que as suas criaturas raramente vivem mais de cem anos terrestres.

    Vocês talvez se perguntem o que distingue o animado do inanimado na Terra de Ferro. Pois lhes direi. Nós vivenciamos a natureza em seus termos mais simples e decidimos que a vida, em essência, consiste em informação — e em mecanismos para expressar essa informação. Ora, o ferro, como vocês sabem, possui propriedades magnéticas. Há alguns anos, nossos cientistas descobriram que as microscópicas regiões magnéticas no interior da nossa matéria viva são orientadas de acordo com padrões bem definidos. Ou seja, se pensarmos em cada uma dessas regiões como um ímã, então os pequenos pólos norte da matéria animada apontam para cima ou para baixo em arranjos bastante específicos, análogos às seqüências de pontos e traços do seu código morse ou às chaves liga/desliga dos seus computadores. Toda e qualquer informação pode ser reduzida a uma dessas seqüências e armazenada. Em formas sem vida, como pedras e martelos, a orientação dos pequenos ímãs internos é aleatória, sem haver relação entre uns e outros. Não há mais informação magnética no interior de uma rocha do que numa palavra de letras do alfabeto escolhidas a esmo.

    O magnetismo em nossa sociedade é semelhante ao dinheiro na sua. Na Terra de Ferro, o status é baseado no magnetismo. Mas o Conselho de Magnetômetros — maldito seja — praticamente determinou como o sistema deve funcionar. Às classes inferiores, que incluem os soldadores, é concedido um campo magnético total de não mais de 100 gauss. (Para que vocês pudessem me entender, tomei a liberdade de converter nossas unidades magnéticas nas de vocês. Um gauss, se não me engano, é cerca do dobro da força do campo magnético do seu planeta.) As classes médias, que incluem escultores e médicos, têm direito a até mil gauss. Alguns membros das classes superiores (e eu conheço um político em particular) ostentam campos magnéticos de até 10 mil gauss ou mais. Quero me abrir com vocês aqui, mas o que vou lhes dizer jamais deve chegar ao meu mundo. O fato é que alguns de nós notaram que, com o aumento do status, vem também um aumento da estupidez. E um belo dia descobrimos o motivo disso. Vejam vocês que, para obter uma magnetização total elevada, as microscópicas regiões magnéticas no interior de cada pessoa precisam estar alinhadas, de modo que a maioria dos pequeninos pólos norte apontem na mesma direção. Caso contrário, elas em parte se anulariam mutuamente, reduzindo a força magnética total. Entretanto, quando um grande número de ímãs microscópicos segue uma orientação restrita, resta um número menor de ímãs capazes de armazenar informação. É como restringir à letra "a" uma fração cada vez maior de letras numa palavra. O caso extremo ocorre quando todos os ímãs microscópicos apontam na mesma direção, produzindo um campo magnético máximo de cerca de 20 mil gauss. Nesse ponto, em que o status é máximo, toda inteligência cessa.

Eu próprio carrego comigo cerca de 300 gauss — o que na minha opinião basta para uma vida digna, mas não é o suficiente para me subir à cabeça. Sou um escritor. Muitas vezes já me senti grato por este modesto talento, uma vez que não sou bonito e definitivamente careço de dotes sociais. Minha querida companheira recebeu recentemente um atestado de 310 gauss, embora merecesse mais. Notei seu bom caráter no dia em que nos conhecemos, na fundição. Quando digo que notei, é preciso que entendam que todas as nossas percepções sensoriais são magnéticas e operam basicamente de acordo com os mesmos princípios que alguns de seus detectores de metal.

Talvez seja conveniente eu explicar algo sobre a nossa sexualidade. Grosso modo, a masculinidade e feminilidade de vocês correspondem em nossa terra aos pólos norte e sul de um ímã. Todavia, como todo ímã possui dois pólos, todas as pessoas em Terra de Ferro são bissexuais. Dependendo de como nos sentamos ou nos postamos diante de alguém, acharemos essa pessoa extremamente atraente ou repulsiva. Como vocês bem podem imaginar, todo namoro exige extremo tato e finura — e podemos nos meter em situações bastante estranhas mesmo após muitos anos de casamento.

Diz um ditado do nosso mundo que cônjuges volúveis geralmente podem ser redirecionados. Porém, às vezes nos deparamos com grupos inteiros de pessoas desagradáveis e mal direcionadas, e isso leva à guerra. Lamentavelmente, contudo, a guerra na Terra de Ferro sofre com a extrema escassez de armamentos potentes. Dada a ausência de reações químicas, não possuímos explosivos químicos. Ah, o que eu não faria por lá com um pouquinho da pólvora ou do TNT de vocês!

Mas, o que é pior, fracassamos redondamente na tentativa de construir explosivos nucleares. Devo admitir, no entanto, que o motivo disso não é destituído de um certo fascínio. Como vocês bem sabem, as partículas do núcleo atômico interagem com dois tipos de forças: uma força elétrica de repulsão, que age entre prótons, e uma força nuclear de atração, que age entre prótons e nêutrons. A primeira força é como uma mola comprimida, ao passo que a segunda é como uma mola distendida, ambas prontas para retornarem a qualquer momento às suas posições naturais, liberando energia no processo. Infelizmente, os dois tipos de molas puxam em sentidos opostos, de modo que a energia ganha com uma é perdida com a outra. Para obter uma explosão, torna-se evidentemente necessário liberar mais energia do que é absorvida. As suas bombas de fissão produzem energia cindindo o núcleo do átomo. Esse método só funciona em núcleos pesados, como o do urânio. Por outro lado, no caso de núcleos leves, como o do hidrogênio, o excedente de energia é obtido através da sua fusão — daí as bombas de fusão nuclear, como vocês costumam chamá-las. Agora que compreendo essas coisas, já não me parece tão extraordinário que exista um núcleo atômico especial desgraçadamente intermediário — nem leve o suficiente para produzir energia excedente por fusão, nem pesado o bastante para liberar energia por fissão. Na verdade, as molas distendidas e comprimidas desse núcleo cancelam-se umas às outras completamente. Como vocês podem imaginar, esse singular núcleo improdutivo não é outro senão o núcleo do ferro, o único elemento do nosso mundo.

Entretanto, por sermos um povo de certa inteligência e inventividade, encontramos outras maneiras de fazer coisas ruins uns aos outros. Podemos aquecer um inimigo até que ele desapareça. Quando a temperatura excede 768 graus Celsius, ainda bem inferior ao ponto de fusão, a substância perde todo o seu magnetismo. Sob tão intenso calor, os pequeninos ímãs internos ficam totalmente desorientados. É a morte pela perda de todo conhecimento, todo senso de identidade e todo status social — sem, porém, a destruição do material. Bastante humanitário, de certa forma, não concordam?

Somos um povo culto. Nossos poetas não podem escrever sobre oceanos, mas eles já ruminaram sobre a imobilidade e quietude latentes das baixas temperaturas, sobre as texturas da distribuição cúbica de íons e moléculas, sobre o fervilhar interno das tempestades magnéticas. Nossos artistas não podem pintar, mas criaram esculturas retorcidas cujas forças helicoidais realmente latejam. Apesar de restritos à forma mais primitiva do universo material, conseguimos atingir os níveis mais elevados de expressão.

Agora vocês sabem um pouco a respeito da Terra de Ferro. Poderia escrever mais, mas o tempo não me permite. Já neste momento sinto-me enferrujando nesta lamentável atmosfera de vocês e devo partir. Adeus.

OUTROS APOSENTOS

Durante os longos anos em que me preparei para uma carreira científica, preocupado com a autonomia das equações e dos instrumentos, seres humanos apareceram várias vezes para enxertar suas idiossincrasias em minha educação. John, um amigo de infância e parceiro nas primeiras aventuras científicas, foi o primeiro a apresentar-me a noção de que o sucesso pode chegar de viés. Os seus aparelhos sempre funcionavam, ao contrário dos meus. John nunca guardava as instruções que acompanham as peças novas, nunca desenhou um diagrama esquemático e sua fiação às vezes vagava como um ébrio pela placa de circuitos. Mas ele tinha um toque mágico e, quando se sentava de pernas cruzadas no chão do seu quarto e começava a remexer e bisbilhotar as peças, os transistores zuniam a mil. Observá-lo por sobre os ombros (uma tentativa de descobrir por que as coisas funcionavam na sua casa e não na minha) era totalmente inútil. Mas nem ele seria capaz de me explicar coisa alguma. John não desperdiçava o seu tempo aprendendo teoria.

De tarde, depois da escola, costumava ir à sua casa com alguma idéia tirada da *Popular Science* ou algum esquema interessante que eu idealizara. Muitas vezes o encontrava deitado na cama, reclamando da sua mais recente batelada de notas baixas. À menção de um novo projeto, porém, e ouvindo de mim a mais fragmentária das descrições, ele se recompunha e se erguia cheio de energia, como um músico de jazz que transforma uma canção desenxabida numa verdadeira catarata pulsante de sons, sem jamais pôr no papel um único acorde. Começava logo a tirar fios elétricos, ferros de solda, produtos químicos e tudo o mais que julgasse necessário de caixas empilhadas e espalhadas por toda parte (em retrospecto, o meu quarto pecava pelo excesso de ordem), enquanto um velho disco de Bob Dylan rangia ao fundo. Púnhamos mãos à obra e em pouco tempo estávamos os dois viajando, deixando para trás livros, fórmulas e deveres escolares para nos dedicarmos àqueles magníficos dispositivos científicos — mal ouvindo lá longe, muito longe, a voz fraca de sua mãe chamando-o para jantar.

Uma de nossas colaborações mais bem-sucedidas foi o projeto que inscrevemos na feira de ciências do condado, na terceira série do colegial. Era um aparelho de intercomunicação com duas características inéditas: nenhum fio elétrico ligava o transmissor ao receptor e usava-se apenas luz para codificar e transmitir sons. Quando alguém falava ao transmissor, o som fazia vibrar um balão distendido sobre o qual havíamos montado um pedaço de vidro espelhado. A luz originada no transmissor era refletida nesse pequenino espelho e, pelas variações de sua intensidade, transmitia informações acerca das vibrações sonoras originais. Essas informações eram então reconvertidas em som, graças a uma célula fotoelétrica e a um amplificador no aparelho receptor. Durante vários meses, havíamos assolado as lojas de ferragens e de material elétrico da cidade. Ficamos profundamente satisfeitos com o produto final. Na véspera do julgamento final, após numerosas e vitoriosas tentativas em que até 15 metros chegaram a separar o transmissor do receptor, alguma coisa quebrou. Fui para casa num estado de profunda depressão. Dois dias depois, recebi um telefonema surpreendente de John, dizendo que ele tinha levado a nossa combalida engenhoca para a exposição, tarde da noite, e habilmente conectara o transmissor e o receptor com um fio escondido embaixo da mesa. No dia seguinte, os juízes, ao que tudo indica, foram iludidos pelo estratagema e concederam-nos o primeiro prêmio. John era o espírito prático em pessoa.

Quando morei em Watertown, mais de uma década depois, um afinador de piano chamado Phil costumava vir a cada quatro meses para colocar em ordem o nosso piano de armário. Fui descobrindo com o tempo que Phil era tão teórico quanto eu, mas vivia livre do incômodo de revestir seus delírios com respeitabilidade científica. Estava sempre cheio de idéias sobre as origens do universo, sobre o que pode ter havido antes do princípio e muitas outras questões cosmológicas. Era impossível dizer, enquanto desfiava seus monólogos fantásticos, passando da ciência para a filosofia e vice-versa, quais das idéias ele havia lido em algum lugar e quais ia criando em sua própria mente à medida que falava.

Depois da segunda ou terceira visita, Phil de algum modo ficou sabendo que eu era físico, um fato que consolidou o nosso relacionamento e estendeu as sessões de afinação de uma para duas horas. Dali para frente, quando entrava em meu apartamento, ele mexeria nas teclas e cordas por não mais que uns quinze minutos, como se estivesse ensaiando algo, para logo em seguida levantar-se do banquinho do piano e começar a despejar suas últimas teorias. A minha favorita era uma segundo a qual o sistema solar é, na realidade, um grande átomo, pelo menos de acordo com a óptica de alguns seres gigantescos não especificados; as galáxias formariam um sistema solar galáctico, que seria na realidade um átomo galáctico, e assim por diante, em vários universos distintos que orbitavam uns aos outros. Enquanto Phil descrevia essa hierarquia de mundos orbitantes, sua voz ia ficando proporcionalmente mais forte, seus gestos se expandiam formando grandes arcos que quase derrubavam os lustres, e nós dois éramos irresistivelmente enlevados e transportados para o espaço sideral. Meu apartamento em Watertown e o bairro inteiro tornavam-se um minúsculo ponto que esvaecia no cosmo. Essas fantasias às vezes se prolongavam por meia hora. Vigor é o que não lhe faltava. Nos interlúdios em que recuperava o fôlego, eu às vezes tentava recuperar a sensatez e injetar um pouco de ciência na discussão, recorrendo ao meu repertório profissional. A sua expressão assumia um vago ar de preocupação, mas ele logo descartava esse indesejável pedantismo da minha parte e alçava vôo para alturas ainda maiores.

Às vezes, quando todos os fatos que enfileirava pareciam corretos, eu começava a balançar a cabeça afirmativamente, e um grande sorriso se esboçava no seu rosto. Uma dessas ocasiões foi a sua descrição bastante ponderada de como a contínua criação e destruição de buracos negros microscópicos distorce e entrecorta o espaço, engendrando uma estrutura "espumosa" nos níveis mais diminutos da realidade. Nesse dia, a afinação do piano levou quase três horas e eu cheguei atrasado na universidade.

Em sua última visita, pouco antes de me mudar, precisei me retirar para o escritório tão logo ele chegou, pois estava muito atrasado em minhas pesquisas e tinha de preparar uma apresentação para aquele mesmo dia. Phil recebeu isso com um certo amuo e, por uns momentos, martelou as teclas com desnecessário vigor. Sem as suas excursões intelectuais, porém, completou o serviço em míseros sessenta minutos. Em certo momento, entrou sem avisar na sala onde eu estava trabalhando e, ao ver o amontoado de equações e livros, comentou: "Vejo que você faz as coisas pelo caminho mais longo".

Cerca de um ano depois, fiquei sabendo que Jon Mathews, de 48 anos, um antigo professor meu na faculdade, e sua esposa haviam lamentavelmente desaparecido em alto-mar, enquanto cruzavam o oceano Índico sozinhos num veleiro de 10 metros. Uma catástrofe tão "desalinhada" não se coadunava com outras lembranças que eu tinha de Mathews, que era tão meticuloso na sua aparência, no seu corte de cabelo à escovinha, quanto era minucioso em seus cálculos matemáticos — e que parecia, ao menos para nós, alunos, sempre olhar duas vezes antes de saltar. Talvez tenha sido justamente esse seu estilo cauteloso e precavido que o impediu de prestar uma contribuição verdadeiramente extraordinária para a sua disciplina, a física teórica. Estava faltando algo, algum toque de irreverência ou profundidade ou quebra momentânea das regras. Numa monografia em que deixou a sua marca, intitulada "Radiação gravitacional de massas puntiformes numa órbita kepleriana", Mathews afirma logo no início: "Seria de se esperar que massas em movimento arbitrário irradiassem energia gravitacional. Já se levantou, todavia, a questão de saber se a energia assim calculada possui algum significado físico. Não iremos nos ocupar dessa questão aqui". E prossegue, apresentando um cálculo impecável do efeito conjeturado. Na realidade, Jon era um professor estupendo e co-autor do popularíssimo livro *Mathematical methods of physics* [O método matemático da física]. Diante do quadro-negro ele se sentia inteiramente à vontade, traduzindo o mundo físico em belíssimas equações a giz, que às vezes se estendiam por metros, explicando cada conceito da mecânica ou do eletromagnetismo com tanta clareza e exatidão que começávamos a ver as equações na lousa serpenteando de lá para cá como os pêndulos ou molas que descreviam. Jon era tão bom professor que alguns assistiam a suas aulas como ouvintes, sem crédito, fazendo esforço para abrir um espaço no horário confuso da pós-graduação, só para ouvir um assunto familiar sendo discutido com elegância e precisão. Ficamos amigos graças à nossa paixão comum por velejar. Mesmo então, anos antes de sua malfadada viagem, ele já sonhava em um dia dar a volta ao mundo num veleiro. Falava sempre a respeito e recrutava alunos ansiosos por servirem de tripulação para excursões de fim de semana em seu barco.

Num cruzeiro do qual me lembro bem, fomos até a ilha Catalina, na Califórnia, cerca de 50 quilômetros ao largo da costa de Long Beach. Sua esposa, Jean, não viera conosco, mas um de seus filhos estava a bordo. Zarpamos com uma brisa forte mas inconstante. Jon movia-se pelo barco com surpreendente agilidade, manivelando os sarilhos, encurtando o mastaréu, reajustando as polias e exercendo controle total — calmo e tranquilo como se estivesse resolvendo um problema simples de determinar o valor de um domínio no quadro-negro. A manutenção do seu barco era impecável: os metais reluziam, em perfeito estado de conservação; todas as cordas eram religiosamente enroladas quando fora de uso; e cada peça tinha o seu lugar exato — um raro estado de coisas em barcos a vela. Naquela noite, ancorados ao largo da ilha, com o barco balançando suavemente e nós aconchegados no interior de uma cabina que lembrava uma caverna, Jon desembrulhou seu último brinquedo para me mostrar: um sextante. Sua voz adquiriu um tom agudo, como sempre acontecia quando explicava algo novo. Nunca falávamos de física a bordo. Não sei por que, mas nunca conversamos sobre física.

O físico Freeman Dyson comparou boa parte da pesquisa científica ao ofício do artesão, pois "muitos de nós [cientistas] ficamos felizes em dedicar nossa vida ao esforço cooperativo, em que ser confiável é mais importante do que ser original". Mas esse tipo de ciência, mesmo se empreendido com qualidade, não era suficiente para Jon. Ele buscava um hobby após o outro a fim de se completar, entre eles um inesperado domínio de línguas orientais — revelado certo dia em seu imaculado escritório, quando retirou da estante um livro em sânscrito que se pôs a ler em voz alta.

Tudo isso se passou no início dos anos 70. Pouco a pouco, Mathews foi adquirindo a tarimba necessária. Empreendeu vários cruzeiros de treinamento e reuniu os conhecimentos de navegação e geografia necessários para materializar o seu sonho de velejar ao redor do mundo. Em sua licença sabática de 1979-80, partiu de Los Angeles no começo do verão, dirigindo-se para o oeste. O seu último contato pelo rádio ocorreu em dezembro de 1979, a várias centenas de quilômetros das ilhas Maurício. Um amigo aguardava na África do Sul a chegada deles, que nunca chegou a ocorrer. Mathews e sua esposa foram aparentemente vítimas de um ciclone do oceano Índico, o equivalente dos furacões do Caribe e dos tufões do mar da China. O auge da temporada dessas tempestades no oceano Índico ocorre no início de dezembro, e Mathews planejara a viagem de modo a cruzar a região muito antes. Todavia, de acordo com os relatos que li, ele já estava atrasado antes de chegar à Austrália — e, ao invés de retornar ou permanecer ancorado por seis meses até encerrar-se a estação dos ciclones, decidiu arriscar a travessia.

Já tentei recriar na minha mente o que talvez estivesse se passando na dele — Jon examinando mapas, horários e previsões meteorológicas na Austrália até decidir assumir o maior risco da sua vida. Imagino-o quando o temporal o atingiu, percebendo-se subitamente sem controle num lugar vasto e violento que nunca imaginara antes, um aposento sem paredes, teto ou solução. As brilhantes palestras de Jon em sala de aula, sua magnífica caligrafia em sânscrito, nossa camaradagem no mundo estanque de equações e periódicos perfeitamente empilhados empalidecem diante dessa imagem final, dessa busca derradeira de completitude.

ESTAÇÕES

No outono de 1969, havia 500 mil soldados americanos no Vietnã. A morte de Ho Chi Minh provocara apenas uma breve interrupção na guerra que já durava quinze anos. E eu, começando o último ano na faculdade, deparava-me com a primeira verdadeira ameaça à vida tranqüila e privilegiada que sempre levara, pois fui incluído na loteria nacional de recrutamento para as Forças Armadas, a primeira loteria de alistamento militar nos Estados Unidos desde 1942. A Segunda Guerra fora uma guerra "popular", decerto. Meu pai sempre tivera medo de morrer nas praias da Itália ou da Sicília, mas nem ele nem seus amigos hesitaram em se alistar quando atingiram a idade necessária. Meus amigos, por outro lado, fizeram de tudo para se livrar do serviço militar. A maioria teve êxito. Muitos obtiveram adiamento da convocação pelo simples fato de estarem cursando uma faculdade. Louis, um rapaz quieto, de uma inteligência penetrante, vestira-se como um índio cherokee para o exame médico, com pintura de guerra e penas, e foi dispensado por motivos psiquiátricos. Outros se mudaram para o Canadá, onde recebiam dinheiro de casa. A nova loteria parecia ser um grande equalizador de classes e origens. Afinal, todos tinham a mesma probabilidade. Cada data de nascimento receberia um número, aleatoriamente, e as circunscrições locais do serviço militar começariam a convocar do número 1 em diante.

O sorteio realizou-se no dia 1º de dezembro, às 20h00, horário de Nova York. Na véspera, um domingo, eu retornara dos feriados do dia de Ação de Graças e de um grandioso banquete com meus pais, irmãos e primos. Depois do jantar, minha mãe, determinada a manter-se alegre, colocara um disco de bossa nova na vitrola e fizera com que todos nós dançássemos descalços com ela na sala de estar. Agora, algumas noites depois, eu e meus colegas aguardávamos ansiosos em nosso confortável quarto no dormitório da faculdade, ouvindo rádio. Um cheiro forte de maconha pairava no ar. Imaginei milhões de outros jovens, chapeiros em lanchonetes ou frentistas em postos de gasolina querendo fechar logo o comércio e ir para casa, ou outros estudantes em seus quartos, todos ouvindo o rádio. Seriam retiradas 366 cápsulas de um cilindro de vidro numa repartição do governo em Washington, D. C. A primeira data de aniversário sorteada foi 14 de setembro. Não conhecia ninguém que tivesse nascido nesse dia, mas lamentei a sorte dos pobres-diabos. A minha data de nascimento foi sorteada 280 lances depois. Nunca cheguei a ser convocado, mas cerca de um quarto de meus colegas de classe acabou prestando algum tipo de serviço militar naquele ano ou no ano seguinte.

Estranhamente, aquele outono me vem à lembrança com uma beleza intensa. O outono nunca foi uma estação particularmente bela no Tennessee, onde cresci, mas aqui, por toda a costa nordeste dos Estados Unidos, o ar era tão límpido e transparente que podíamos enxergar até a curvatura da Terra. Lembro-me de ouvir vários concertos espetaculares do alto de um bordo que crescia ao lado da janela do meu quarto, no qual centenas de tentilhões haviam decidido se empoleirar. Esses tentilhões eram pássaros pequenos, do tamanho de um pardal, com uma delicada cauda afilada. Eles não trinam nem chilram, mas emitem um gorjeio contínuo e prolongado. Quando centenas deles cantam em uníssono, o som torna-se um coro ininterrupto que lembra uma catarata, uma multidão de pequeninas gotas combinando para formarem um jorro impetuoso. Os pássaros permaneceram até o final de outubro, quando um dia subitamente partiram em migração para o sul.

A loteria perturbou-me de diversas maneiras. Eu vivera até então uma vida de cegueira voluntária — não apenas a cegueira que decorre da boa situação financeira e da posição social. Havia, é claro, uma possibilidade bem real de eu ser enviado para o Vietnã e lá morrer. Mas esse evento era tão inimaginável que nunca cheguei realmente a tomar conhecimento dele. Eu permanecera à margem, numa ingênua descrença, enquanto meus colegas tentavam arrombar a porta da frente do Institute of Defense Analysis. Passei ao largo das fogueiras de protesto. Quando um jovem professor assistente sentado ao meu lado num jantar acendeu um fósforo, queimou o seu certificado de alistamento militar e convidou os alunos a juntarem-se a ele, admirei a sua ousadia mas não cheguei a compreender o seu gesto. A loteria impôs um vasto e indesejável mundo sobre mim, e a sensação foi uma dolorosa torrente de sangue pelas veias. O mais perturbador foi o elemento de aleatoriedade, a incerteza. Eu queria tomar decisões. Começar a pós-graduação ou não começar. Tentar conquistar uma certa linda mulher ou não tentar. Deixar a minha bicicleta no pátio durante a noite ou guardá-la no porão.

A ciência, para mim, era uma fonte de certeza. Eu estava me formando em física, e a física reduzia o mundo às suas irredutíveis partículas e forças. É uma banalidade dizer que a ciência sustenta uma visão reducionista do mundo, e até um rapaz de 21 anos sabe que a vida não é tão simples. Mas a ciência, e especialmente a física, oferece-nos uma poderosa ilusão de simplicidade e certeza. Os livros de física raramente apresentam qualquer discussão sobre a história da disciplina, seus erros e reviravoltas, seus preconceitos e paixões humanas. Em vez disso, existem apenas as Leis. Toda lei nos seduz com sua beleza e precisão. Toda ação possui uma reação igual e contrária. A força gravitacional entre duas massas varia de acordo com o inverso do quadrado da distância entre elas. Até mesmo o Princípio da Incerteza da mecânica quântica formulado por Heisenberg, que proclama que o futuro não pode ser determinado a partir do passado, oferece uma fórmula matemática definitiva para restringir as incertezas — como uma sala à prova de som construída em torno de alguém que está gritando. Mais do que pureza e graça, a física era Certeza. E a Certeza, por motivos ligados ao meu temperamento pessoal e talvez à minha educação de classe média, era minha aliada. Arquimedes e Euclides haviam representado Certeza. Lucrécio evocara a teoria atomista do mundo a fim de libertar a humanidade dos caprichos dos deuses.

Como aluno de último ano do curso de graduação, eu deveria realizar um projeto independente, uma tese. Por algum motivo que ainda não consigo entender, decidi apresentar uma tese experimental — isto é, construir um aparelho para realizar um experimento de física. Eu já me revelara um total incompetente no laboratório. Uma engenhoca que construíra para o projeto de laboratório no terceiro ano pegara fogo por causa de uma fiação defeituosa. O osciloscópio, ferramenta-padrão no projeto de circuitos, uma grande caixa de metal forrada de botões para ajuste das voltagens e correntes, deixava-me desconcertado. Por outro lado, eu era bom em cálculos teóricos. Adorava passar de uma equação para outra até obter uma resposta — tão definitiva e incontestável quanto a área de um círculo. Adorava o asseio e a elegância do lápis e do papel. Por que não quis que a minha tese fosse em física teórica eu ainda não descobri.

Talvez tenha sido a escolha de orientador, o professor Turgot. Havia algo a respeito do professor Turgot que me atraía imensamente. Ele era um homem grande, chegava a lembrar um urso de ombros arqueados. Tinha quarenta e poucos anos, começava a ficar calvo e curvado, e andava com as fraldas da camisa pendendo-lhe sobre as calças. Mas não tinha absolutamente nada do professor distraído. Conseguia me pôr na linha e captar tudo o que eu estava pensando só com o seu olhar de águia. Em sala de aula, dirigia-se mais ao quadro-negro do que aos alunos, como se estivesse tendo uma conversa particular com algum ente mítico que habitava o mundo criado por suas equações e diagramas. Eu sabia que o seu estilo de lecionar era deficiente, mas mesmo assim transmitia um interesse vital pela matéria. E perguntava-me se eu conseguiria preservar a minha própria paixão pela ciência, impedi-la de esvaecer e dispersar-se nos vinte anos seguintes, quando chegasse à idade do professor Turgot.

O professor era competente, não resta dúvida, mas ao mesmo tempo humilde quanto às limitações do seu conhecimento. Não temia confessar as asneiras profissionais que já perpetrara, os equívocos que já cometera em cálculos, os seus erros ao posicionar um alvo no ciclotron. Nossos outros professores, praticamente sem exceção, projetavam a imagem de ter chegado onde estavam por uma trajetória mais ou menos como a de um laser. Possuíam uma magnífica autoconfiança, que certamente inspirava muitos alunos. No entanto, mesmo eu, com minha devoção à certeza, não me sentia à vontade fazendo pesquisa com pessoas assim. Estava ciente dos meus erros, e um orientador que também se enganava talvez permitisse que eu me formasse sem perder a dignidade. Depois das aulas, o professor T — seu corpanzil recostado contra a parede, coberto de pó de giz — às vezes conversava comigo sobre a sua esposa. Desde o começo referiu-se a ela como Dorothy, de modo que quando finalmente a conheci, durante um jantar na pequena casa em que moravam, senti como se já a conhecesse. Nenhum outro professor jamais mencionava seu cônjuge. Pedi-lhe para ser meu orientador. Ele sorriu e disse que a minha tese seria experimental.

O laboratório onde comecei a trabalhar era um lugar enorme que lembrava uma caverna e mais parecia um armazém do que qualquer outra coisa. Tinha luz natural em abundância, graças a clarabóias colocadas a quase 10 metros de altura, como no ateliê de algum pintor. Havia sempre um cheiro estranho no laboratório — não necessariamente desagradável — de óleo e gelo seco. Latões cheios de nitrogênio líquido eram deixados sobre o piso de concreto. Quando abertos, emitiam um memorável som sibilante; o líquido borbulhava e ia se evaporando em espessas nuvens opalinas. Ao longo de três paredes, que se estendiam por mais de 30 metros, havia mesas e bancadas de trabalho, osciloscópios, caixas cheias de capacitores e resistores, peças variadas de metal, tubos de borracha, contadores Geiger, fichas com taxas de decaimento radioativo anotadas à mão em colunas perfeitamente enfileiradas de números. Havia sempre algum romance de Proust ou Gide deixado sobre uma mesa. A esposa do professor T, Dorothy, era uma especialista em literatura francesa. Gosto de pensar que às vezes visitasse o laboratório à noite para fazer companhia ao marido quando ele ficava trabalhando até tarde.

Num canto do laboratório, um chuveiro projetava-se deselegantemente da parede, para o caso de alguém entrar em contato direto com alguma substância radioativa e precisar despir-se e lavar-se imediatamente. Esse chuveiro anti-radiação chamou-me particularmente a atenção porque descobri que iria lidar com átomos radioativos quase todos os dias. Meu projeto consistia em construir um dispositivo capaz de medir a desintegração radioativa do netúnio em estado excitado. O netúnio, descoberto em 1940, foi o primeiro elemento químico produzido artificialmente pelo ser humano. Como na tabela periódica o seu número atômico, 93, vem logo em seguida ao do urânio, 92, recebeu esse nome em homenagem a Netuno, o planeta depois de Urano. (O plutônio, cujo número atômico é 94, foi assim chamado por causa de Plutão.) A idéia do meu projeto de tese, conforme foi se desenvolvendo em discussões com o professor T, era obter netúnio em estado excitado pelo bombardeio de um alvo de urânio no ciclotron. Os fragmentos da desintegração do núcleo de netúnio, ao passarem pelo meu aparelho, fariam com que um gás cintilasse. Essas cintilações seriam detectadas por vários tubos fotomultiplicadores eletrônicos e, se eu medisse cuidadosamente a taxa de fragmentação dos núcleos de netúnio, poderia aprender alguma coisa sobre as forças agitando e se debatendo no interior do átomo.

Enquanto eu avançava aos trancos e barrancos, redigindo as especificações das diversas peças que teriam de ser construídas pela oficina e em seguida refazendo as especificações quando as peças não se encaixavam, recebi a ajuda inestimável de Dave, o assistente do professor T. Dave foi indispensável. Embora achasse que todos os alunos de graduação fossem "uns malditos comunistas" e desprezasse as manifestações de protesto dos barbudos, era dedicado ao professor T e aos seus alunos — e a única pessoa capaz de fazer a bomba de vácuo funcionar. Uma bomba de vácuo, quando funciona bem, começa com um som áspero e irritante, como a descarga de uma locomotiva, que então evolui para uma espécie de gemido estridente, subindo de tom até terminar num zumbido suave indicando que o vácuo desejado foi obtido. Mas quando há algum vazamento no sistema, a bomba não vai além dos estampidos ásperos iniciais. Em diversas ocasiões, eu precisava bombear para fora todo o ar daquele emaranhado de peças de metal e Mylar a fim de deixar no interior do meu aparelho não mais que 1 bilionésimo de atmosfera. Depois de aplicarmos epóxi e Glyptal em todas as juntas suspeitas, ligávamos a bomba. Dave parecia entender não só da bomba, mas de todos os demais instrumentos do laboratório. Seu entendimento ia além disso, na verdade. Acredito que estivesse tendo um caso com a mulher que entregava pequenos suprimentos ao laboratório, pois depois de sua entrega semanal, ela sempre permanecia diante de uma janela do lado de fora, olhando para ele com uma expressão triste e saudosa.

Naquele inverno, Dave e eu éramos muitas vezes as únicas pessoas no laboratório — eu perplexo diante das curvas de resposta dos tubos fotomultiplicadores; ele consertando em silêncio algum aparelho que se quebrara. De quando em quando, morrendo de frio, eu precisava parar e ficar me aquecendo diante de um aquecedor elétrico. Do lado de fora, a neve cobria tudo num vasto silêncio branco. Ouvíamos então uns rangidos e guinchos, distantes a princípio, mas aumentando aos poucos de volume. Era o som das galochas do professor Turgot sobre a neve, que saíra do seu escritório e se dirigia ao laboratório para ver como as coisas iam indo com seus tutelados.

Meu aparelho passou em todos os testes preliminares, mas nunca cheguei realmente a acreditar que o experimento de fato funcionaria — nem acho que o professor Turgot acreditasse. Quando chegou o momento de colocar o aparelho dentro do ciclotron, localizado em outro prédio, recebi uma mensagem misteriosa dizendo que não havia nenhum horário vago no ciclotron até alguns meses depois da minha data de formatura. "Escreverei informando-o dos resultados", assegurou serenamente o professor T. E deu excelentes notas para meus infindáveis desenhos de vistas laterais e superiores do aparelho, e cálculos de ângulos sólidos e eficiências. Mas o professor Turgot nunca me escreveu dando notícias e eu nunca o cobrei.

Numa tarde de primavera, pouco depois de Nixon ordenar a invasão do Camboja, houve uma reunião extraordinária no departamento de física. Todos os professores e todos os alunos se aglomeraram numa pequena sala para discutir qual deveria ser a atitude do departamento frente aos protestos estudantis que vinham ocorrendo no campus. Com elegantes equações ainda escritas a giz no quadro-negro, os professores foram um a um se levantando e dando a sua opinião a respeito da guerra. Quase todos eram ferrenhamente contra, mas havia exceções. Ouvimos alguns discursos breves e inflamados sobre a natureza da democracia, os direitos dos governos, o propósito da educação, a responsabilidade moral. Eu mal podia reconhecer aquelas pessoas vestidas como nossos insignes professores. A pequena sala tornou-se um mar de desordem e agitação. Senti falta de ar. A discussão voltou-se para uma questão mais prática: o que o departamento deveria fazer com os alunos que estavam matando aula? No final, os professores decidiram isentar os alunos do último ano de seus exames finais — e, em alguns casos, de suas teses.

Saí às tontas da sala. Para minha mente atordoada e confusa, o acaso finalmente vencera. O mundo não era senão um amontoado de aventuras equivocadas, linhas cruzadas, espelhos em ângulos bizarros. A certeza era uma quimera. Para mim, naquele instante da minha vida, havia apenas certeza e acaso — nenhuma nuança intermediária.

Fui procurar o Andrew, meu colega de quarto desde o primeiro ano da faculdade, um rapaz quieto como eu. Caminhamos dois quilômetros até o lago e resolvemos velejar. Estávamos no começo de maio e os ventos eram tão fracos que finalmente baixamos as velas e nos deixamos ficar à deriva, dormitando no mormaço. Tiramos a camisa. Logo estávamos costeando uma das margens, passando por debaixo dos salgueiros que tombavam sobre o barco e nos faziam cócegas no rosto com suas macias folhas filigranadas. Por fim, um grande galho enroscou-se no mastro e nós paramos completamente. Lá permanecemos, então, aproveitando a sombra, deitados de bruços. Quando por fim me levantei, vi que o barco estava todo rodeado de ninféias flutuando próximas à margem. Algumas haviam começado a florir — encantadoras flores brancas com pintinhas roxas no meio. Permanecemos lá durante horas.

Enquanto vagávamos, acidentes ocorriam em toda a nossa volta. Um pássaro pousou numa árvore próxima, por nenhum motivo aparente, e pôs-se a cantar, partindo depois tão repentinamente quanto chegara. Galhos se quebravam. Nuvens mudavam de forma. A relva farfalhava com os movimentos de animais que não enxergávamos. A Terra bamboleava imperceptivelmente em seu eixo, enquanto escombros de lixo cósmico nos bombardeavam dos pontos mais distantes do espaço. Há bilhões de anos, um desses fragmentos atingiu nosso planeta com força descomunal, tirando-o do seu eixo e produzindo uma inclinação de 23 graus — o que levou a um aquecimento desigual da superfície durante a sua órbita em torno do Sol, gerando as quatro estações. Uma folha de papel amassada flutuou lentamente pela água, presa num galho. Alguns escritos haviam se tornado borrados e ilegíveis, talvez uma lista dos compromissos de alguém ou, talvez, um bilhete de amor.

ESTA OBRA FOI COMPOSTA PELA HELVÉ-
TICA EDITORIAL EM TIMES E IMPRESSA
PELA GEOGRÁFICA EM OFF-SET SOBRE
PAPEL PÓLEN BOLD DA COMPANHIA SU-
ZANO PARA A EDITORA SCHWARCZ EM
MARÇO DE 1998.